LA LUNE

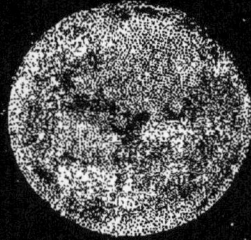

PAR

AMÉDÉE GUILLEMIN

Paysage de la Lune. — Clair de Terre.

HACHETTE et Cie, 79, boulevard St-Germain, à Paris

113

PETITE

ENCYCLOPÉDIE POPULAIRE

DES SCIENCES

ET DE LEURS APPLICATIONS

———

LA LUNE

PETITE ENCYCLOPÉDIE POPULAIRE

DES SCIENCES ET DE LEURS APPLICATIONS

Par Amédée GUILLEMIN

EN VENTE :

La Lune. — *Description physique, volcans et montagnes, météorologie.*
Un vol. gr. in-18, illustré de 2 grandes planches et de 46 vignettes.
3e édition .... 1 fr. 25

Le Soleil. — *Sa lumière et sa chaleur, ses taches, sa constitution physique et chimique; son rôle dans le monde solaire et dans le monde sidéral.* Un vol. gr. in-18 illustré de 58 vignettes. 3e édition... 1 fr. 25

La Lumière et les Couleurs. — Un vol. gr. in-18 illustré de 71 vignettes.. 1 fr. 25

EN PRÉPARATION :

Le Son.   Les Nébuleuses.
L'Électricité.   La Pesan.eur.
Les Comètes.   Les Étoiles filantes.

OUVRAGES DU MÊME AUTEUR, PUBLIÉS PAR LA MÊME LIBRAIRIE :

Le Ciel. — *Notions d'Astronomie à l'usage des gens du monde.* — 4e édition entièrement refondue et considérablement augmentée, illustrée de 45 grandes planches dont 12 tirées en couleur et de 231 vignettes insérées dans le texte dont un grand nombre de nouvelles. 1 magnifique vol. gr. in-8 jésus... 20 fr.
Relié 26 fr.

Les Phénomènes de la Physique. — 2e édition, illustrée de 457 figures insérées dans le texte et de 11 planches imprimées en couleur. 1 magnifique volume gr. in-8 jésus. .... 20 fr.
Relié 26 fr.

Les Applications de la Physique *aux Sciences, à l'Industrie et aux Arts.* — 1 magnifique volume gr. in-8 jésus, illustrée de 427 vignettes insérées dans le texte, de 22 grandes planches dont 6 imprimées en couleur et de 3 cartes. .... 20 fr.
Relié 26 fr.

Les Chemins de fer. — *Tracé, construction, mécanisme, matériel et exploitation.* — 4e édition, illustrée de 123 vignettes. 1 vol. in-16. 2 fr. 25

La Vapeur. — 1 volume in-16 illustré de 123 vignettes........ 2 fr. 25

Éléments de Cosmographie. — 3e édition, conforme aux programmes de l'enseignement secondaire spécial. 1 vol. gr. in-18, illustré de 2 planches et de 164 vignettes... .... 3 fr. 50

COULOMMIERS. — Typ. A. MOUSSIN

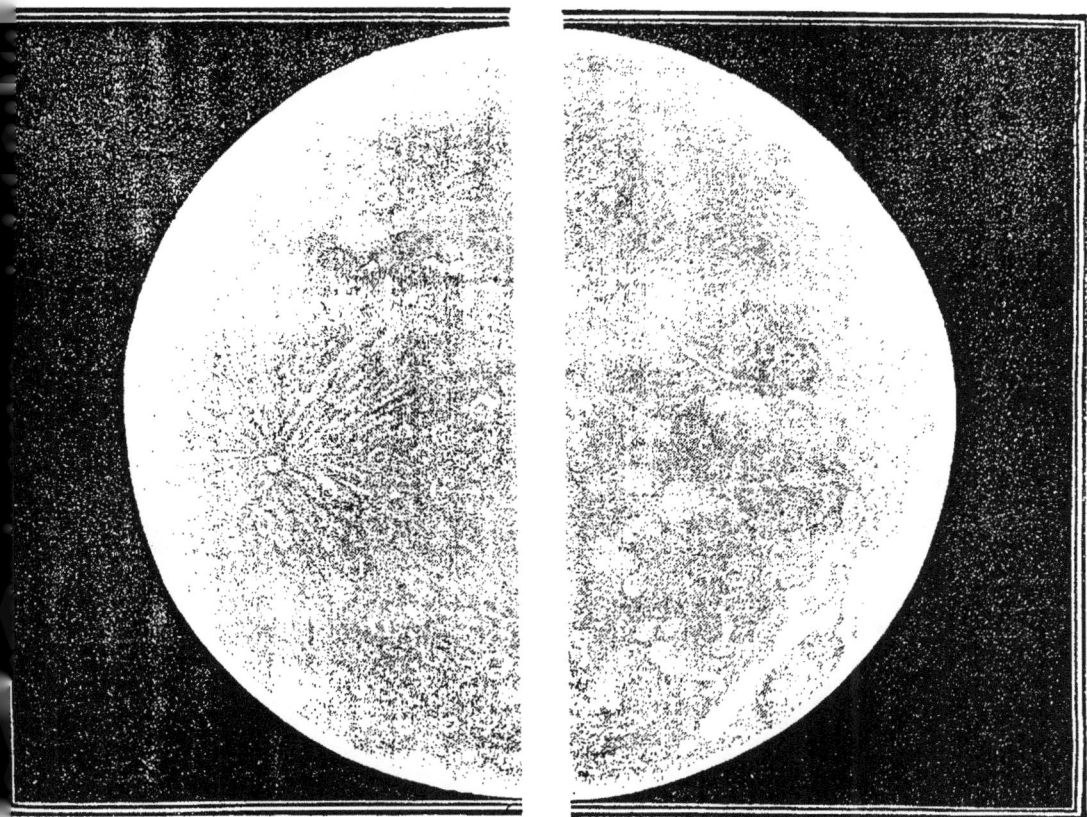

La Lune vue dans son plein.

PETITE ENCYCLOPÉDIE. POPULAIRE
PAR AMÉDÉE GUILLEMIN

LA LUNE

OUVRAGE ILLUSTRÉ

de 2 grandes planches tirées hors texte

ET DE 46 VIGNETTES

QUATRIÈME ÉDITION

AUGMENTÉE D'UN APPENDICE

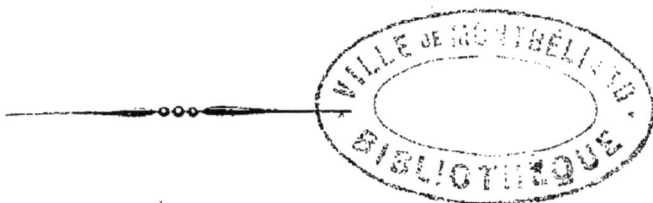

PARIS

LIBRAIRIE HACHETTE ET Cie

79, BOULEVARD SAINT-GERMAIN, 79

1874

PETITE

ENCYCLOPÉDIE POPULAIRE

DES SCIENCES

ET DE LEURS APPLICATIONS

———

Il n'est pas un esprit un peu actif, pas une intelligence un peu vive, pas une imagination un peu enthou-
siaste, qui ne s'éprenne d'un sentiment de curiosité et
d'admiration devant les phénomènes de la nature. Quelle
variété, quelle harmonie dans ce grand tout qui constitue l'Univers, et qui n'est pas moins majestueux si on le
contemple dans son ensemble, si l'on voyage par la
pensée dans les profondeurs infinies du Ciel, que merveilleusement étrange, si on l'étudie dans les plus minutieux détails de la structure des corps qui le composent.

La science nous apprend que la Terre est un astre,
une planète, que nous verrions briller si nous étions
au loin dans l'espace, comme nous voyons la nuit
briller Jupiter ou Vénus; qu'elle se meut avec une rapidité incroyable autour de son axe et autour du Soleil,
qu'elle suit dans son mouvement les mêmes lois que
celles auxquelles les autres planètes sont assujetties.
Quelles sont donc ces lois, et comment de leur régulière périodicité résultent les phénomènes des jours et
des nuits, ceux des saisons et des années? L'Astronomie

nous dit encore que le Soleil est une masse probablement gazeuse, à l'état d'incandescence, dont la surface est sans cesse sillonnée et troublée par des ouragans gigantesques, par des trombes de feu, des pluies d'hydrogène enflammé ; que c'est un globe énorme tournant sur lui-même en vingt-cinq jours et entraînant la Terre avec lui dans un immense voyage autour de quelque étoile inconnue. En présence de ces assertions qui nous semblent au moins extraordinaires, quand nous les entendons émettre pour la première fois, notre curiosité, notre désir de savoir s'aiguillonne. Nous voudrions bien alors nous rendre compte du comment et du pourquoi de ces phénomènes, mettre l'œil aux grands télescopes qui ont dévoilé toutes ces merveilles ; nous voudrions examiner la structure des planètes, vérifier si ce sont bien des terres plus ou moins analogues à la nôtre ; sans aller si loin, nous serions curieux de visiter la Lune, ses volcans, ses grandes plaines arides, ses mers desséchées.

La même invincible curiosité nous attire, si l'on nous parle des étoiles, ces soleils de toutes couleurs ; des nébuleuses, ces associations de milliers de soleils, ces foyers gazeux où les mondes prennent naissance ; et enfin des comètes, ces nébuleuses errantes dont quelques-unes sont venues se prendre au Soleil comme des mouches tournoyant, le soir, à la lumière d'une bougie.

Que de notions intéressantes en effet ne peut-on pas acquérir en consultant la plus ancienne de toutes les sciences, l'astronomie ! Mais l'astronomie ne peut tout dire, si elle ne fait appel elle-même aux autres sciences, à la physique surtout, à ses applications fécondes.

D'autre part, sans la physique, que pourrions-nous savoir des lois et des causes de tous les phénomènes terrestres, des mouvements de l'atmosphère et des mers, des vents, des marées ? Comment expliquerions-nous les météores lumineux, l'arc-en-ciel, les halos, le mirage, sans la connaissance positive des lois de l'optique, sans savoir comment se propage la lumière, comment en pénétrant dans les différents milieux elle donne naissance aux mille nuances des tons et des couleurs ? C'est l'étude des lois de la chaleur qui nous montre comment cet agent bienfaisant, aussi indispensable à la vie que la lumière, se répartit à la surface de la Terre, et par ses inégales variations donne lieu aux climats. C'est l'étude de l'électricité et du magnétisme qui nous permet d'expliquer les phénomènes grandioses de la foudre, des éclairs et du tonnerre, ceux des aurores boréales. C'est enfin, par les lois de la pesanteur que nous pouvons nous rendre compte des mouvements mêmes des corps célestes, et, sur la Terre, d'une foule de faits qui nous sont familiers, mais dont parfois nous sommes embarrassés de dire la cause : les mouvements et l'équilibre des liquides et des gaz, l'ascension des corps légers, les variations du baromètre qui oscille selon la plus ou moins grande pression de notre enveloppe aérienne.

Si maintenant, de l'étude des phénomènes naturels, on passe à celle des œuvres de l'homme, on s'aperçoit qu'elles sont presque toutes, qu'elles sont toutes autant d'applications des sciences. La télégraphie électrique, la vapeur, les machines hydrauliques, les ballons, la photographie, les instruments d'acoustique et d'optique, la boussole et mille autres inventions qui ont donné à la civilisation moderne son caractère si original et si varié, toutes ces merveilles de l'industrie et des arts sont tirées de la connaissance des lois de la physique, comme le fruit est venu de la fleur, comme cette fleur et la plante qui la porte sont sorties de la graine.

Les phénomènes naturels que nous venons de rappeler sommairement, les lois qui les régissent, forment la matière des deux sciences connues sous les noms de physique et d'astronomie. Ce sont ces phénomènes et ces lois, ce sont leurs applications à l'Industrie, aux Arts, aux autres sciences, que nous nous proposons de décrire et d'exposer dans une série de monographies dont le présent ouvrage fait partie.

Bien loin, comme on voit, d'aborder toutes les sciences, puisque nous laissons en dehors de notre programme, toutes celles qui ont pour objet les êtres doués de vie, nous embrasserons encore ainsi un ensemble assez vaste et assez bien lié pour justifier le titre général que nous donnons à cette série d'ouvrages, de *Petite Encyclo-*

pédie populaire des sciences et de leurs applications.

Trois volumes de cette encyclopédie sont aujourd'hui publiés : LE SOLEIL, LA LUNE, LA LUMIÈRE. Ils seront suivis prochainement d'une façon ininterrompue, d'ouvrages conçus dans le même esprit, consacrés à divers sujets d'astronomie ou de physique, parmi lesquels nous pouvons annoncer dès maintenant, le SON, l'ÉLECTRICITÉ, la PESANTEUR, les NÉBULEUSES, les COMÈTES, les ÉTOILES FILANTES.

Dans chacune de ces monographies, nous nous efforcerons d'atteindre deux buts qu'on a tort quelquefois de croire opposés : le premier, c'est d'être élémentaire et clair dans l'exposé des vérités scientifiques et dans la description des phénomènes ; tâche rendue plus facile, à la vérité, par la faculté d'illustrer le texte par des figures ; le second, c'est d'être aussi complet que possible, autant du moins qu'il est permis de l'être, quand on s'interdit les démonstrations mathématiques et l'emploi des formules. Nous croyons ainsi pouvoir être utile à deux classes de lecteurs, à ceux qui ne sont point encore initiés aux connaissances scientifiques, comme à ceux qui, ayant appris et étudié autrefois, ont besoin de revoir l'objet de leurs anciennes études, et aussi de se tenir au courant des nouveaux travaux et des nouvelles découvertes.

AMÉDÉE GUILLEMIN.

INTRODUCTION.

Il y a trente ans, un mystificateur, comptant sur la crédulité publique, fit paraître une brochure qui eut un retentissement immense. Il ne s'agissait de rien moins que de la découverte des habitants de la Lune, qu'Herschel à l'aide d'un télescope monstre avait vus, allant, venant, ne se doutant certes pas que leurs faits et gestes avaient pour témoin, à cent mille lieues de distance, un habitant de la planète leur voisine, plus habile et plus curieux que ses mille millions de compatriotes.

L'auteur de cette relation hyperbolique, faite à l'insu, comme on le pense bien, de l'illustre astronome, donnait tous les renseignements propres à édifier ses lecteurs sur l'exactitude des faits dont il s'était constitué l'historien : dimensions des instruments, installation des appareils, description minutieuse des animaux, de la végétation et enfin des hommes de la Lune. Rien n'y manquait. La chose s'était passée au Cap de Bonne-Espérance, où il était de notoriété qu'Herschel observait.

Grande fut l'émotion du public, si disposé à accueillir les plus bizarres et les plus impossibles nouvelles si

1

indifférent ou si dédaigneux vis-à-vis des découvertes les plus positives et les plus fécondes. L'engouement fut si universel, si complet, qu'Arago se crut obligé de venir en pleine Académie donner un formel démenti à l'auteur de cette mystification et à ceux qui s'en faisaient naïvement les propagateurs. Ce fut une douche d'eau froide sur un enthousiasme qui n'était pas sans analogie avec celui qui avait accueilli, trois siècles et demi plus tôt, les récits de Colomb et de ses compagnons sur la découverte d'un nouveau monde.

N'est-ce pas en effet un monde à conquérir que celui de la Lune, cet astre si voisin de nous, et qui semble comme un appendice, comme une miniature de la Terre? Il est là, séparé de notre globe par une centaine de milliers de lieues, l'accompagnant sans cesse dans sa circumnavigation annuelle, comme attiré vers lui par un invincible lien de sympathie, tournant toujours vers la Terre la même face tour à tour sombre et lumineuse, mais qu'aucun nuage ne ternit jamais, comme pour nous inviter à deviner l'énigme de ce sphinx céleste. Les deux astres reçoivent en commun la même lumière, et pendant leurs nuits, en échangent tour à tour les rayons.

Cent mille lieues, avons nous dit? Qu'est-ce qu'une telle distance, comparée aux abîmes de l'univers visible, comparée même aux dimensions du monde solaire, de cette famille d'astres qui se pressent autour de leur père commun, de celui qui leur dispense lumière et chaleur? C'est moins de la dix-huit centième partie de l'intervalle compris entre la Terre et Neptune; c'est moins de la millionième partie de la distance où nous sommes de l'étoile la plus voisine de notre monde. Comment se résoudre à ignorer ce qu'est la Lune, lorsqu'on songe qu'il suffirait de franchir dix fois la longueur du tour de la Terre, pour accomplir le voyage?

Ce voyage cependant, que l'imagination entreprend si volontiers, est à jamais interdit aux hommes. C'est ce qui explique les tentatives, toujours renouvelées, d'esprits ingénieux, prompts à substituer à la réalité inaccessible leurs fantaisies et leurs rêves. Dans l'impuissance de connaître, ils s'efforcent de deviner.

Mais ce n'est point de pures chimères que la curiosité humaine peut s'assouvir; et si elle se nourrit parfois d'hypothèses, c'est à la condition que ces hypothèses puiseront dans des faits positifs, réels, une dose suffisante de réalité. La science seule est en état de fournir ces faits; c'est donc l'astronomie qu'il faut interroger pour savoir ce qu'est la Lune, pour pénétrer autant qu'il est possible dans les mystères de sa structure, de sa constitution physique.

Les moyens d'exploration que les progrès de l'optique ont mis à la disposition des astronomes sont bornés; mais, comme on le verra bientôt, l'habileté des observateurs, leur longue patience, leurs laborieuses études, ont suppléé, sur beaucoup de points, à l'insuffisance des instruments : le génie de l'esprit d'induction et d'analyse a fait le reste.

Les télescopes, malgré leur puissance, dont le public s'exagère ordinairement l'effet, ne permettent guère à l'œil de l'homme de s'approcher du globe lunaire à moins de soixante à quatre-vingts lieues. Des grossissements plus considérables sont possibles, sans doute, mais alors le défaut de netteté et de lumière fait perdre le bénéfice d'un plus grand rapprochement. On peut voir par là

combien se faisaient illusion ceux qui croyaient à la possibilité de voir des êtres vivants, des arbres, des édifices
à la surface du satellite de la Terre. Les télescopes susceptibles de recevoir des oculaires grossissant six mille
fois — ce sont les plus puissants qui aient été construits
— appliqués, s'il était possible, à l'observation de la
Lune, mettraient encore sa surface, dans les circonstances les plus favorables, à quinze lieues de distance
de notre œil. Les plus gros animaux terrestres seraient
totalement invisibles; *à fortiori* les hommes, s'il en
existait sur la Lune, qui eussent la même taille que
nous. Dans cette hypothèse, encore non réalisée, je le
repète, on pourrait tout au plus distinguer de grandes
masses, comme les forêts ou des constructions monu-
mentales.

Eh bien, malgré ces obstacles, que les progrès de
l'optique feront peut-être un jour disparaître, la Lune
est déjà merveilleusement connue, non pas seulement
dans ses mouvements, dans sa forme, dans ses dimensions, éléments purement astronomiques et depuis longtemps déterminés avec une grande précision; mais aussi
dans la structure de son sol, dont les détails géographi-
ques ont été relevés avec une exactitude qui fait encore
défaut à de vastes régions de notre planète. La géologie
et la météorologie lunaires sont largement esquissées;
et si elles laissent beaucoup à désirer, si le champ des
conjectures est encore large à cet égard, on peut déjà
néanmoins se faire une idée des phénomènes physiques
dont notre satellite a été et est encore le théâtre.

Considérée à ce point de vue, la Lune est un monde
étrange.

Les jours et les nuits s'y succèdent, comme sur la

Terre ; mais la durée en est si différente qu'il doit en résulter des contrastes de lumière et de température que l'absence d'eau et d'atmosphère rend plus saisissants encore. En revanche, les variations des saisons y sont, pour ainsi dire, inconnues.

Que dirait un habitant de notre Terre, s'il était subitement transporté à la surface de la Lune? Quel ne serait point son étonnement à la vue du spectacle singulier qui s'offrirait à sa vue? La configuration du sol, tout recouvert d'énormes aspérités, ne le cédant guère en hauteur aux plus élevées des montagnes terrestres, criblé çà et là de profondes cavités circulaires, hérissé de pics abrupts; l'aspect du ciel, où les étoiles brillent en plein jour sur une voûte entièrement noire, l'âpreté des lumières et des ombres, l'éternel silence qui règne en ces régions désolées, la rigueur des températures, tantôt glacées, tantôt torrides, les bizarres conditions qui résultent d'une telle constitution physique pour l'existence des êtres organisés, si toutefois la vie est possible dans un pareil milieu, tout enfin se réunirait pour confondre en lui les notions que son séjour sur notre globe lui a rendues le plus familières.

Tel est, dans son ensemble, le monde que nous allons essayer de décrire.

Est-il besoin de dire quel intérêt s'attache à une exploration de ce genre? N'eût-elle pour objet que de satisfaire à cette soif de curiosité dont nous sommes tous altérés à des degrés divers, et qui pousse de hardis voyageurs, à travers tous les obstacles et tous les périls, à la recherche des régions inconnues de notre globe, cela suffirait à légitimer à nos yeux la publication de cette monographie astronomique.

Mais la science, suivant nous, a un but plus élevé. En s'attaquant aux grands problèmes que la nature pose incessamment à la pensée, en pénétrant à f ce de labeur le secret des lois éternelles, la science nous permet de puiser à la source vive où s'alimente toute imagination, toute poésie. Elle nous initie à l'harmonie du grand tout, dont notre gloire la plus pure est de comprendre l'indicible splendeur. A la place de cette sotte vanité qui poussait l'homme à se considérer comme le pivot et le centre de l'univers, elle substitue chez lui le noble orgueil d'avoir su s'assigner sa véritable place, comprendre sa vraie mission et faire servir à son accomplissement la connaissance même des lois qu'il est impuissant à violer, et contre lesquelles il ne regimbe pas impunément. De toutes les sciences naturelles, l'astronomie n'est-elle pas celle qui nous fournit, sous ce rapport, les plus grands enseignements ?

Mais nous ne sommes pas tout imagination, tout sentiment. Nous avons besoin de connaître pour développer notre intelligence, pour la discipliner sous le joug impérieux des méthodes positives, pour prévenir les écarts du sophisme et de la passion. Les sciences naturelles ont, sous ce rapport, personne ne le démentira, une admirable efficacité.

De tous les astres qui percent de leurs feux les couches transparentes de notre atmosphère, la Lune est celui qui, par sa proximité même, a exigé le plus d'efforts pour la complète intelligence de ses mouvements. Les moindres perturbations dans les éléments de son orbite ont été rendues sensibles par la fréquence de ses révolutions, fréquence en rapport avec sa faible distance. C'est le mouvement de la Lune qui a fourni à l'immortel

Newton les éléments du grand problème qu'il a résolu : c'est notre satellite qui lui a révélé le secret de la gravitation des astres les uns vers les autres et de l'identité de cette force générale avec la pesanteur. Successivement toutes les inégalités lunaires ont trouvé leur raison dans ce principe universel, et ce qui paraissait d'abord une dérogation à la loi, s'est trouvé être la plus absolue confirmation de la loi même.

De tels efforts de génie, auxquels se rattachent les noms des plus grands astronomes des temps modernes, ne devaient pas être sans récompense. Nous avons dit que la curiosité seule était un mobile d'une légitimité suffisante pour l'investigation astronomique. On va voir qu'à ceux qui cherchent avant tout la vérité, le reste est donné par surcroît.

La connaissance de plus en plus rigoureuse de la théorie de la Lune en est un témoignage éclatant. C'est grâce aux tables qui ont été calculées pour indiquer les positions successives du disque lunaire sur la voûte étoilée, que les marins et les voyageurs peuvent aujourd'hui trouver leur position en mer et déterminer leur route. L'immense distance des étoiles fait que leurs distances apparentes à la Lune varient selon la position de l'observateur à la surface du globe terrestre. Notre satellite — on a fait depuis longtemps cette comparaison — se trouve être sur l'immense cadran du ciel, comme une aiguille mobile marquant l'heure, sans qu'on puisse craindre dans les rouages de l'horloge, aucune variation, aucun dérangement imprévus. N'est-ce pas là un magnifique usage des connaissances scientifiques acquises au prix d'un gigantesque travail?

Mais la Lune nous touche encore de plus près. Sa

masse, combinée avec la masse du Soleil, soulève périodiquement les couches fluides des mers, promène l'onde à la surface du globe au fur et à mesure de son propre mouvement et de la rotation de notre globe, produisant ainsi le phénomène des marées. Tant qu'on ignora la cause de ces mouvements, on ne put prévoir leurs variations qui intéressent si directement la navigation maritime, les côtes de l'Océan et les ports qui s'y trouvent situés. Depuis que la théorie des marées n'est plus qu'un corollaire de celle de la gravitation, on calcule à l'avance l'intensité du phénomène, et l'on prévient ainsi, par des indications précieuses, les moments favorables à l'entrée et à la sortie des navires.

Sans doute, la science n'a pas dit encore, sur toutes ces questions, son dernier mot. Il lui reste beaucoup à faire. Mais ce qui est fait montre assez combien l'astronomie, si intéressante au point de vue intellectuel, si grandiose quand on la voit nous révéler l'harmonie des mondes, est importante aussi par son utilité sociale.

Dans cet opuscule, ce n'est pas, bien entendu, la théorie et ses magnifiques développements que nous avons la prétention d'exposer; mais nous nous attacherons à ses résultats, aux curieuses déductions qu'on en peut tirer. Quant à l'étude précise des lois astronomiques, elle n'est possible qu'à l'aide des rigoureuses méthodes en usage dans les sciences mathématiques, et ceux qui voudront s'y livrer devront se rappeler le mot d'Archimède : « Il n'est pas de route royale en géométrie. »

Toutefois le champ qui nous reste est large encore. En étudiant la Lune au point de vue presque exclusif de sa constitution physique, nous ferons une abondante moisson

d'observations curieuses Sans rien inventer, sans présenter aucune hypothèse sinon comme conjecturale, sans
mettre le pied sur le terrain toujours dangereux de la
fantaisie, nous ferons et ferons faire à nos lecteurs, du
moins c'est notre espérance, l'un des plus singuliers et
des plus étranges voyages qu'ait encore accompli
homme sur terre.

LA LUNE.

CHAPITRE PREMIER.

LA LUNE VUE A L'ŒIL NU.

I

LES PHASES DE LA LUNE.

Tout le monde sait ce que les astronomes entendent par les *phases*[1] de la Lune : ce sont les apparences variées que présente le disque dans un intervalle d'environ vingt-neuf jours et demi, et qui se reproduisent périodiquement dans le même ordre. La période elle-même se nomme *lunaison* ou *mois lunaire* ; elle commence et finit au moment de la *nouvelle Lune*, à l'épo-

---

1. Le mot *phase* vient du grec φάσις, qui a lui-même pour étymologie le verbe φαίνω, je parais, je brille.

que où notre satellite, en conjonction avec le Soleil a disparu dans ses rayons.

Chez les anciens, le cours de la Lune a fourni la première division naturelle du temps, la durée de l'année n'étant pas connue avec une suffisante exactitude. Aussi retrouve-t-on dans l'histoire de tous les peuples la coutume de célébrer la nouvelle Lune ou Néoménie par des sacrifices et des prières. Comme la Néoménie[1] servait de point de départ pour régler les assemblées, les solennités, les exercices publics, et que l'on comptait la Lunaison du jour où l'astre redevenait visible, « pour le découvrir aisément, on s'assemblait le soir sur les hauteurs ; quand le croissant avait été vu, on célébrait la Néoménie ou le sacrifice du nouveau mois, qui était suivi de fêtes ou de repas. Les nouvelles Lunes qui concouraient avec le renouvellement des quatre saisons étaient les plus solennelles. » (De Lalande.)

De nos jours, toute trace de ces cérémonies a disparu[2], du moins chez les peuples civilisés ; mais, comme nous le verrons plus loin, les préjugés qui se rattachent à l'influence prétendue des phases lunaires sont loin d'être dissipés.

Suivons la Lune dans le cours d'une de ses périodes, et notons les divers phénomènes qui accompagnent chacune de ses phases.

On dit qu'il y a *nouvelle Lune*, quand notre satellite

1. Les Latins donnaient à la Nouvelle Lune le nom de *Luna silens* ou *sitiens*.

2. Chez les mahométans, la fin du jeûne du Ramazan est fixée à la nouvelle Lune qui commence le beïram, ou plutôt à l'instant de la première apparition du croissant lunaire.

n'est visible, ni pendant le jour ni pendant la nuit. La raison de cette invisibilité, nous venons de le dire, est dans la situation de la Lune, très-voisine en apparence du lieu que le Soleil occupe lui-même dans le ciel : elle tourne donc alors vers la Terre son hémisphère obscur qui se trouve perdu dans les rayons éblouissants de l'astre. Cette disparition de la Lune dure deux ou trois jours; mais l'instant précis de la Lune nouvelle, dont l'indication est donnée par les annuaires astronomiques, a lieu quand la Lune et le Soleil ont précisément même longitude. On dit alors que la Lune est en *conjonction*.

Le deuxième et le troisième jour après cet instant [1], et le soir un peu après le coucher du Soleil, on voit apparaître la Lune sous la forme d'un croissant très-délié, dont la convexité est tournée vers le point où se trouve le Soleil, au-dessous de l'horizon. On peut alors apercevoir très-distinctement toute la partie obscure du disque lunaire,

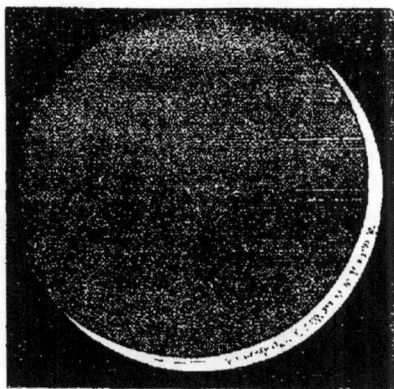

Fig. 1. Première phase de la Lune. Lumière cendrée.

recouverte d'une teinte très-légère et comme transparente ; cette lumière, beaucoup moins vive que

1. Hévélius assure n'avoir jamais observé la Lune plus tôt que 40 heures après la conjonction, et 27 heures avant, de sorte que la durée minimum de sa disparition est de 67 heures, un peu moins de trois jours. Cette durée varie suivant les climats, et suivant la latitude de la Lune.

celle de la partie éclairée provient, comme on le
verra plus loin, de la réflexion des rayons du Soleil
à la surface de la Terre.

Entraînée par le mouvement diurne, la Lune se
couche bientôt à l'horizon occidental. Le lendemain,
le même phénomène se reproduit ; mais déjà le croissant est moins délié, la partie lumineuse plus
large, et la Lune, plus éloignée du Soleil, se
couche aussi un peu plus tard que la veille.

Le quatrième jour après la *nouvelle Lune*,
la forme et l'apparence de notre satellite, qui se
couche seulement trois heures après le Soleil,

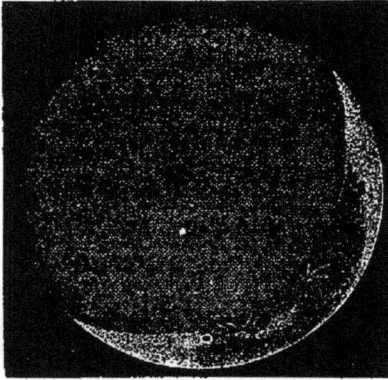

Fig. 2. Quatrième jour
de la Lune.

est celle qu'on a représentée dans la figure 2. La lumière cendrée est encore très-sensible, bien qu'elle
diminue de plus en plus pour disparaître tout à
fait à la phase suivante, à celle qu'on nomme le
premier quartier. On dit alors que la Lune est
dichotome (divisée en deux parties égales) (fig. 3).
C'est entre le septième et le huitième jour de la

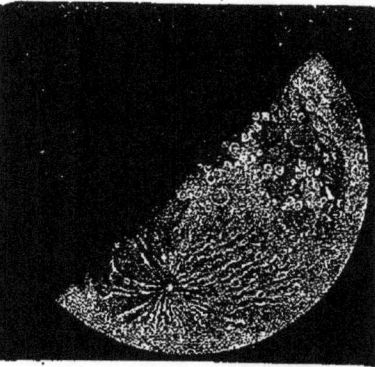

Fig. 3. La Lune à son premier
quartier.

Lune, qu'elle se montre à nous sous la forme d'un

demi-cercle, en partie visible pendant le jour, et que le mouvement diurne n'amène au méridien que six heures environ après le passage du Soleil. Déjà, dans la phase précédente, les taches dont le disque de la

Lune est parsemé étaient visibles. En ce moment, ces taches se distinguent avec une grande netteté sur le demi-cercle lumineux.

Entre le premier quartier et la *pleine Lune*, sept jours s'écoulent de nouveau, pendant lesquels la forme de la partie éclairée approche de plus en

Fig. 4. Entre le premier quartier et la pleine Lune.

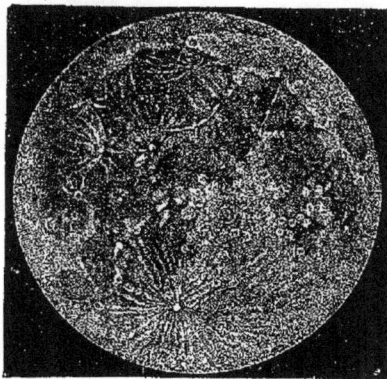

plus d'être celle d'un cercle complet (fig. 4) ; la Lune se lève et se couche de plus en plus tard pendant cet intervalle, mais en tournant toujours vers l'Occident la partie circulaire de son disque.

Enfin, elle nous montre entièrement sa partie éclairée quinze jours environ après la nouvelle Lune (fig. 5) ; alors l'heure de son lever est à peu près celle du coucher du

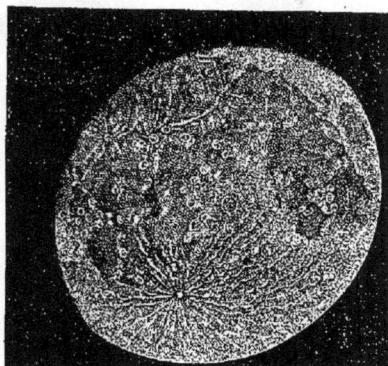

Fig. 5. La pleine Lune.

Soleil, qui à son tour se lève quand la Lune se couche. Il est minuit, quand elle parvient au plus haut de sa course, en langage astronomique quand elle passe au méridien: alors le Soleil lui-même passe sous l'horizon, au méridien inférieur, de sorte que, relativement à la Terre, la Lune est précisément à l'opposé du Soleil.

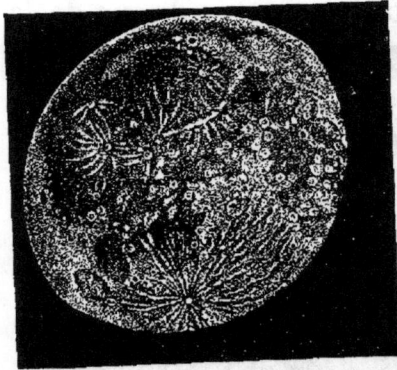

Fig. 6. Décours de la Lune. Entre la pleine Lune et le dernier quartier.

Depuis l'époque de la pleine Lune, jusqu'à la nouvelle Lune suivante, (cette seconde moitié de la lunaison se nomme le *décours*), la forme circulaire de la partie éclairée du disque décroît progressivement et finit par se présenter, comme au début de sa marche, sous la forme d'un croissant fort délié. Mais alors c'est vers l'Orient que la convexité sera désormais tournée, de sorte que c'est toujours vers le Soleil que regarde le demi-cercle terminant la portion éclairée.

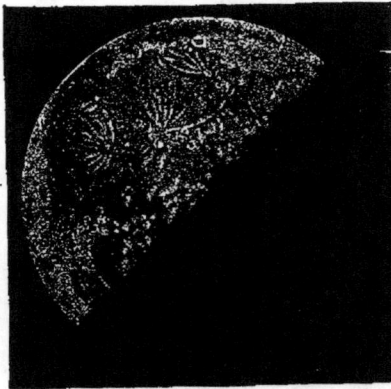

Fig. 7. Décours de la Lune. Dernier quartier.

Au milieu de l'intervalle qui sépare la pleine Lune de la période suivante, le *dernier quartier* donne une phase semblable au *premier quartier*, mais inversement située.

Dans cette seconde partie de la période lunaire ou de la *Lunaison* — c'est le mot propre — la position apparente de la Lune dans le ciel se rapproche de plus

en plus de celle du Soleil. Vers les derniers jours, elle
précède de très-peu son lever, jusqu'à ce qu'elle se

confonde de nouveau
dans ses rayons pour dis-
paraître et ramener une
Lune nouvelle, origine
d'une nouvelle lunaison.
La lumière cendrée re-
paraît après le dernier
comme avant le premier
quartier, au fur et à me-
sure de la diminution de
la portion éclairée du
disque.

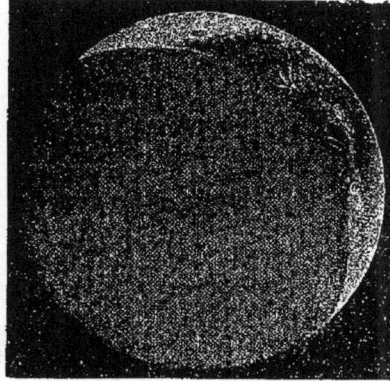

Fig. 8. Décours de la Lune. Entre
le dernier quartier et, la Lune
nouvelle. Lumière cendrée.

Cette succession des
phases de la Lune, qui se reproduit indéfiniment et
toujours de la même manière, est la conséquence évidente du mouvement
de l'astre autour de
la Terre. On s'en ren-
dra compte aisément,
en examinant la fi-
gure 10, et l'on com-
prendra alors pour-
quoi les phases des
lunaisons successives
sont précisément les
mêmes, quand le So-
leil, la Terre et la
Lune occupent les

Fig. 9. Dernière phase de la Lune.
Lumière cendrée.

mêmes positions relatives ; tandis que si l'on rappor-
tait aux étoiles la situation de la Lune, dans deux ou

2

plusieurs phases consécutives identiques, on verrait qu'elle n'occupe pas le même point du ciel, qu'elle ne parcourt pas les mêmes constellations : ce qui tient à

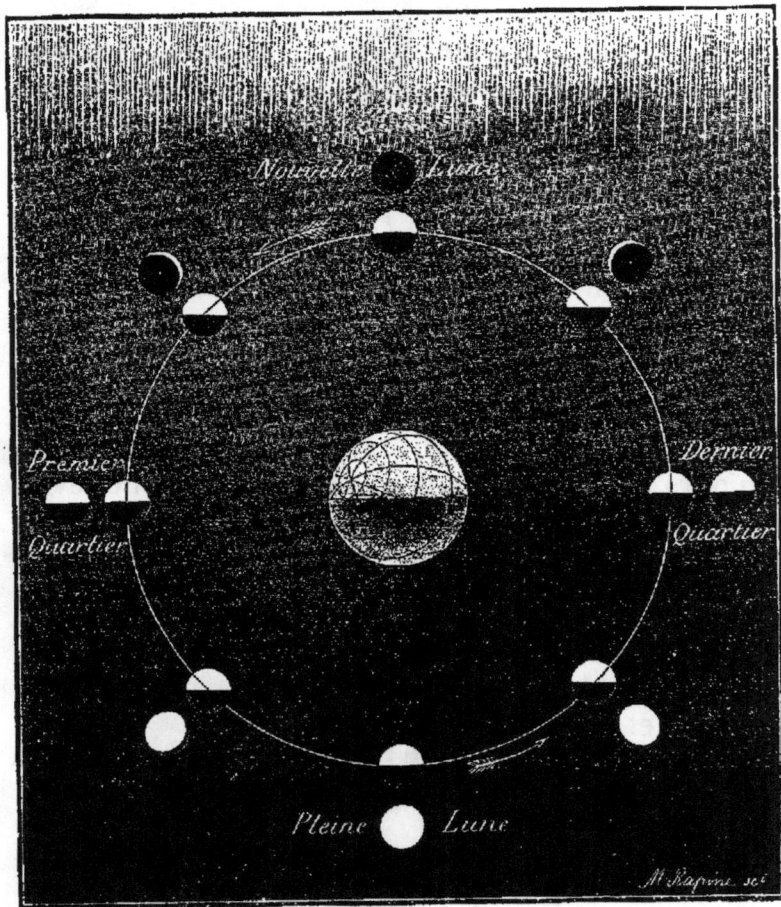

Fig. 10. Orbite de la Lune. Explication des phases.

la fois et au mouvement de la Terre dans son orbite, et aux variations du mouvement de la Lune dans la sienne.

Nous avons dit plus haut que la durée du mois lunaire est d'environ vingt-neuf jours et demi : en réalité, cette durée dépasse le nombre précédent de quarante-quatre minutes trois secondes. Il s'en faut donc de peu qu'on ait ainsi la durée moyenne du mois, qui tire évidemment son origine de la période d'une lunaison, comme la semaine correspond elle-même à la durée de chacune des quatre phases principales [1].

1. Les jours de la semaine tirent, comme on sait, leurs dénominations des noms des sept planètes connues des anciens : le Soleil, la Lune, Mars, Mercure, Jupiter, Vénus et Saturne. L'ordre des jours a été, paraît-il, déterminé par la coutume qu'avaient les anciens de consacrer aux sept planètes les vingt-quatre heures du jour. Chaque jour prit alors le nom de la planète à laquelle était consacré la première heure. On explique ainsi comment il se fait que l'ordre des jours successifs de la semaine n'est pas l'ordre naturel des planètes, tel du moins qu'il était conçu par les anciens astronomes. Cet ordre était : le Soleil, Vénus, Mercure, la Lune, Saturne, Jupiter et Mars. La première heure du premier jour étant consacrée au Soleil, la seconde à Vénus, etc., il arrive que la première heure du second jour l'est à la Lune, la première du troisième jour à Mars, et ainsi de suite.

II

FORME DU DISQUE LUNAIRE.

A l'époque de la pleine Lune, le disque, entièrement éclairé par les rayons solaires, a l'apparence d'un cercle parfait. Tout le monde en peut juger à la vue simple; mais les astronomes, plus difficiles que le public en ces matières, se sont attachés à vérifier la forme circulaire de la Lune par des mesures précises de tous ses diamètres. La conséquence de ces mesures, c'est que l'impression première est exacte : le disque de la Lune, à l'époque de son plein, est rigoureusement un cercle.

Le fait était d'autant plus intéressant à constater que la plupart des corps célestes de notre monde solaire apparaissent dans les lunettes comme des disques aplatis, de forme légèrement elliptique ou ovale. Il en est ainsi des planètes Mars, Jupiter, Saturne; et la Terre même, ainsi que l'ont démontré les mesures directes de plusieurs arcs de méridien, est aplatie à ses pôles de rotation, ou, ce qui revient au même, renflée à son équateur. Pour d'autres planètes, telles qu'Uranus, Neptune, Vénus et Mercure, les mesures micrométriques n'ont pas constaté d'aplatissement sensible ; le Soleil est dans le même cas. Mais on regarde ces exceptions comme purement apparentes et ne prouvant qu'une chose, c'est que l'aplatissement réel est trop faible pour être appréciable dans les instruments.

La forme circulaire du disque d'un astre indique ordinairement une forme réelle sphérique. En est-il ainsi de la Lune, et devons-nous considérer notre satellite comme ayant la forme, sinon rigoureuse du moins très-approchée, d'une sphère? L'observation des phases permet de répondre affirmativement.

Quelques jours avant ou après la Lune nouvelle, nous avons vu tout à l'heure que le croissant lumineux, plus ou moins aminci ou évidé, est toujours limité extérieurement par un demi-cercle, très-nettement terminé. Quant au bord concave, la

Fig. 11. Forme géométrique
du croissant lunaire.

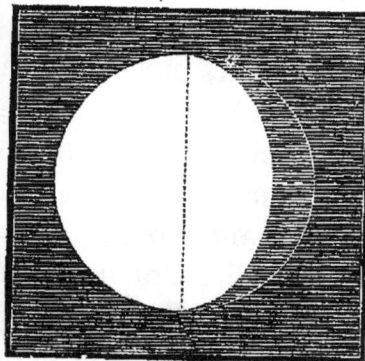

Fig. 12. Forme géométrique
de la Lune après la conjonction.

courbe qui le forme n'est plus un demi-cercle, mais bien une moitié d'ellipse, dont les extrémités viennent former avec le contour extérieur les cornes du croissant, en se terminant aux deux bouts d'un diamètre commun.

Peu à peu la ligne de séparation de la lumière et de l'ombre s'allonge et, au premier quartier, elle devient une ligne droite. Alors l'ellipse, reprenant en sens inverse les mêmes formes, de concave qu'elle était devient convexe, et s'agrandissant peu à peu, se transforme enfin en demi-cercle à l'époque de la pleine Lune, pour reprendre pendant le décours et jusqu'au dernier quartier les mêmes formes et les mêmes dimensions apparentes.

En resumé, les choses se passent comme si la Lune avait la forme d'une véritable sphère, dont les diverses parties seraient successivement illuminées, puis plongées dans l'ombre : l'étude des mouvements de la Lune et de ses positions par rapport au Soleil et à la Terre ne laissent aucun doute sur la réalité de cette apparence.

Ainsi, de même que la Terre, la Lune est un globe sphéroïdal, mais dont l'aplatissement, s'il existe, est à peu près inappréciable, du moins sur la circonférence entière qui limite sa moitié visible. Plus loin, nous donnerons plus de détails sur sa forme réelle, et nous verrons qu'on la suppose légèrement allongée dans la direction de la Terre.

Maintenant que nous sommes édifiés, ou à peu près, sur la forme de la Lune, parlons de sa grosseur. Pour préciser, commençons par distinguer la grosseur apparente d'un objet de sa grosseur réelle. C'est de la première que nous voulons parler pour le moment.

Or, il y a sur ce point, dans une partie du public,

des idées si confuses, des erreurs si généralement
répandues, qu'on me pardonnera d'entrer dans quelques développements.

J'ai entendu cent fois — et je ne doute pas que le
lecteur, quel qu'il soit, de ce passage, ne puisse me
servir de témoin, — j'ai entendu, dis-je, maint observateur d'un phénomène, s'exprimer ainsi pour
donner une idée des dimensions apparentes de l'objet
qu'il avait vu, disque de la Lune ou du Soleil, mé-
téore, queue de comète, etc. : *Sa longueur était d'un
décimètre, d'un pied; il paraissait gros comme une assiette....* J'ai même lu de telles expressions dans les
journaux, voire dans les recueils de science.

Or, il est facile de comprendre que cette manière
d'entendre les dimensions, non pas réelles, mais simplement apparentes des objets, dont on ignore d'ailleurs ordinairement la distance, est parfaitement
inintelligible. En effet, le même objet — un décimètre
s'il s'agit de longueur, une assiette s'il s'agit d'un
disque circulaire — n'a pas par lui-même une dimension apparente déterminée. Cette dimension est es-
sentiellement variable, selon la distance de l'œil à
laquelle l'observateur suppose placé l'objet qui sert
de terme de comparaison. Pour que les expressions
dont nous avons parlé eussent un sens, il faudrait
donc ajouter à la dimension indiquée la distance
précise qu'on lui suppose. Une assiette placée très-
près de l'œil couvrira une immense portion du champ
de vue, ou si l'on veut, du ciel entier; placée à quelques mètres, la surface qu'elle couvrira se trouvera
par là même considérablement diminuée. Reculée
encore, elle pourra devenir imperceptible. Pour

qu'elle recouvrît précisément le disque de la Lune,
sans que l'un des cercles débordât l'autre en aucune
façon, il faudrait qu'elle fût placée à une distance
que peut donner à volonté, soit l'observation, soit le
calcul. C'est seulement à cette distance qu'on peut assimiler les grandeurs apparentes de l'astre et de l'objet
qu'on lui compare.

Aussi qu'arrive-t-il dans les circonstances que je
viens de mentionner? C'est que si le phénomène a eu
plusieurs observateurs simultanés, l'un donnera à
l'objet une dimension *apparente* d'un mètre, tel autre
d'un pied, un troisième d'un décimètre, chacun
ayant eu au moment où l'objet l'a frappé une idée
d'ailleurs très-vague de la distance supposée du
mètre, du décimètre, du pied qui leur ont servi de
termes de comparaison.

Les astronomes, et en général tous ceux qui ont
une notion un peu précise de la géométrie, échappent
à cette difficulté. Ils ne comparent pas les dimensions
apparentes à des objets d'une dimension déterminée.
Ils indiquent tout simplement la portion du champ
de vue que recouvre le diamètre de l'objet. Ils disent
par exemple que le diamètre apparent de la Lune est
environ d'un demi-degré, entendant par un degré la
360ᵉ partie de la circonférence entière de l'horizon.
C'est précisément l'angle que forment entre eux les
deux rayons visuels qui, de l'œil, aboutissent aux
extrémités d'un diamètre de la Lune.

Ainsi, en moyenne, il faudrait 360 lunes se touchant bout à bout pour parfaire une demi-circonfé-
rence de cercle qui, partant d'un point de l'horizon,
irait aboutir au point diamétralement opposé, en

suivant d'ailleurs dans le ciel une route quelconque.

Parlons un langage plus précis. Le degré divisé en 60 parties égales donne des minutes; chaque 60e de minute donne une seconde. Eh bien, on trouve par des mesures précises, que le diamètre du disque lunaire mesure en moyenne 31 minutes et 24 secondes ; ou, comme on voit, un peu plus du demi-degré. C'est à peu près le diamètre apparent du Soleil. Mais il n'en faudrait pas conclure que la grosseur réelle de la Lune est à peu près égale à celle du Soleil : il reste à tenir compte des distances, et nous verrons plus tard que notre satellite est environ quatre cents fois moins éloigné que le foyer commun où les planètes puisent la chaleur et la lumière.

Passons à une autre question. Les dimensions apparentes de la Lune sont-elles toujours les mêmes? S'il en était ainsi, c'est que sa distance à la Terre serait invariable. Ou bien, ces dimensions varient-elles? auquel cas, cette distance changerait d'une époque à l'autre. C'est la seconde hypothèse qui est la vraie. Dans le cours d'une lunaison — c'est-à-dire entre deux nouvelles lunes consécutives, le diamètre de la Lune varie constamment entre deux limites : cette variation est assez sensible, puisqu'elle atteint la 8e partie du diamètre total; toutefois il serait difficile de la constater à l'œil nu, et les instruments de mesure rigoureuse peuvent seuls en témoigner.

J'ajouterai même que dans le cours des lunaisons successives, les variations du diamètre apparent ne se reproduisent point avec les mêmes valeurs. Ainsi, la Lune ne reste pas toujours à une distance constante de la Terre : elle s'en éloigne et s'en approche, suivant des lois très-compliquées que l'astronomie est parvenue à débrouiller, mais que je n'essayerai pas même d'indiquer ici.

A propos de ses variations de distance et par conséquent de diamètre, je serais bien étonné, si parmi mes lecteurs, il ne s'en trouvait pas quelqu'un qui eût sur les lèvres la question suivante : Ne dites-vous

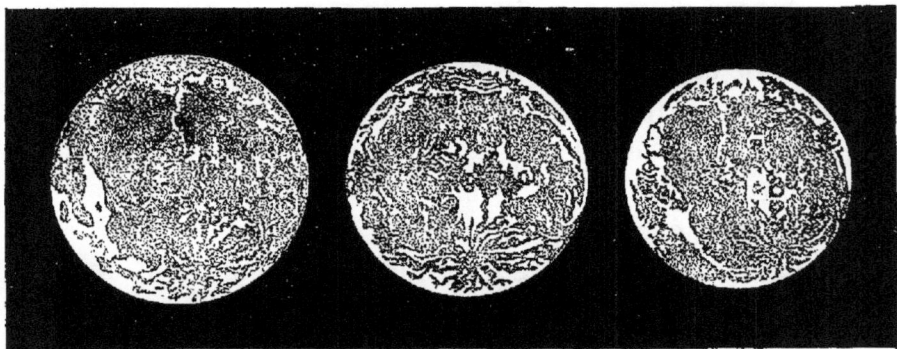

Fig. 13. Variations de grandeur du disque de la Lune.

rien du changement qu'on remarque dans le diamètre apparent de la Lune, depuis son lever à l'horizon, jusqu'à sa plus grande élévation dans le ciel? Là, le témoignage des sens suffit, et il n'est pas besoin d'être astronome pour en juger.

Voyons le fait.

Quand la Lune se lève, à l'époque de son plein par exemple, et que le ciel est bien pur à l'horizon oriental, son disque empourpré apparaît énorme. Mais à mesure qu'il s'élève, ou pour laisser le langage des apparences, à mesure que notre horizon, par le fait de la rotation diurne de la Terre, s'abaisse devant

lui, ses dimensions diminuent, l'éclat de sa lumière
augmente et il semble reprendre peu à peu sa grosseur normale. Au plus haut point de sa course, quand
l'astre passe au méridien, le disque paraît sous sa
plus petite surface. Ce contraste entre les grosseurs
de la Lune à l'horizon et au plus haut point du ciel,
est d'ailleurs d'autant plus marqué, que, par l'effet
des circonstances de son mouvement ou bien de la
position du lieu de l'observateur, elle s'approche plus
du zénith.

Tout le monde du reste est frappé du phénomène.
Mais quelle en est la cause? C'est là que les opinions
diffèrent, j'entends les opinions de ceux qui se sont
posé la question; car beaucoup voient, s'étonnent et
en restent là, sûrs, au moins, de ne pas se tromper.
Les uns considèrent le fait comme une illusion d'optique, et s'imaginent que les brumes de l'atmosphère
jouent, dans cette circonstance, le rôle de verre grossissant; d'autres croient peut-être que la Lune, à mesure qu'elle monte s'éloigne de nous. Les uns et les
autres ont tort évidemment, car ils font une supposition commune, à savoir que le diamètre *apparent* est
plus grand à l'horizon qu'au zénith, supposition er-
ronée que démentent les mesures micrométriques.

Imaginez au foyer optique d'une lunette deux fils
parallèles fixés de telle sorte que la Lune, telle qu'on
la voit à l'horizon, soit précisément comprise entre
eux, et les touche sans les déborder. Laissez-les dans
leur position actuelle et attendez que l'astre ait atteint
sa plus haute position dans le ciel.

Braquez de nouveau l'instrument sur son disque.
Si les dimensions *apparentes* de ce dernier ont réel-

lement diminué, qu'arrivera-t-il? Qu'il apparaîtra contenu entièrement entre les fils, sans les toucher. Eh bien, c'est justement le contraire qui arrive; le disque déborde les fils. De sorte qu'il faut dire, contrairement à toutes les apparences, et à toutes les illusions de nos sens : *la Lune paraît moins grosse à l'horizon qu'au zénith.* Il est donc bien clair que les

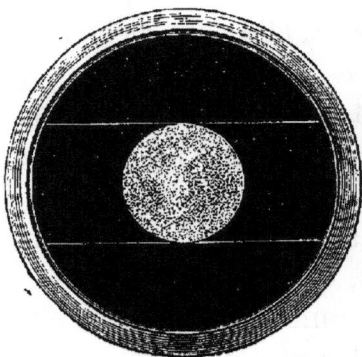

Fig. 14. Mesure micrométrique du disque de la Lune. Diamètre de la Lune à l'horizon.

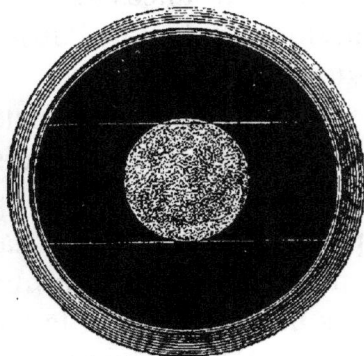

Fig. 15. Diamètre de la Lune au plus haut point de sa course.

opinions plus haut mentionnées pèchent par la base.

Les astronomes, qui le savent bien, n'en ont pas moins cherché à se rendre compte de l'illusion, qui est certes incontestable. Les uns pensent qu'il y a là une erreur d'appréciation, tenant au voisinage du disque lunaire et des objets terrestres situés à l'horizon. Au zénith, l'absence de ces objets nous fait croire l'astre plus rapproché de nous; nous regardons comme plus petit, ce qui, en conservant les mêmes dimensions apparentes, nous semble moins éloigné.

Euler assigne pour cause, à la même illusion, la forme surbaissée de la voûte céleste, qui nous fait juger les parties du ciel situées à l'horizon plus éloignées que les parties surplombant nos têtes. Suivant ce géomètre, la comparaison des objets terrestres situés dans le voisinage de la Lune n'aide en rien à l'illusion.

Que l'une ou l'autre des explications soit la vraie, il n'importe. Ce qu'il faut retenir, c'est ce fait que les disques de la Lune vus à l'horizon et au zénith, ne diffèrent pas de grosseur apparente, comme on est porté à le croire, ou, s'il y a une différence, elle est précisément en sens inverse de l'illusion.

J'ai supposé la Lune dans son plein et à son lever mais le phénomène est vrai pour toutes les époques, que la Lune soit en forme de croissant ou de cercle incomplet, et il s'observe pareillement à son coucher.

III

LUMIÈRE DE LA LUNE.

La lumière de la Lune provient de la réflexion de la lumière
solaire. — Son intensité. — Quantité de lumière donnée
par les différentes phases. — Couleur de la Lune pendant
le jour et pendant la nuit. — Influences calorifique et chimique des rayons lunaires.

La lumière douce et argentée que répand le disque
lunaire sur les paysages de nos nuits terrestres, a
inspiré plus d'un poëte et plus d'un artiste. Il n'est
pas besoin, d'ailleurs, de faire profession d'art ni de
littérature, pour goûter le charme d'une belle soirée
que la Lune éclaire de ses rayons, pour admirer les
jeux de lumière qui se produisent quand le vent
chasse les nuages devant son disque et que les masses
vaporeuses, tantôt sombres, tantôt brillantes, tour à
tour l'éclipsent et le démasquent. La nature du paysage
est, d'ailleurs, pour beaucoup dans ce genre d'impres-
sions, gaies ou mélancoliques, gracieuses ou sévères,
que la disposition d'esprit particulière au spectateur
rend plus variées encore.

En présence des phénomènes naturels, la science a

de tout autres préoccupations que l'art ou la poésie :
bien loin d'y chercher des harmonies ou des contrastes avec nos émotions personnelles, elle s'efforce
de les dégager de ce genre d'influence, dont elle ne
saurait d'ailleurs méconnaître la portée. Ce qu'elle
veut avant tout, c'est étudier ces phénomènes en eux-
mêmes, en noter les particularités, en découvrir les
lois. Aussi, tandis que les poëtes ou les peintres ont
épuisé de longtemps, dans leurs tableaux, tous les
genres de beauté que peut offrir le paysage éclairé
par la lumière de la Lune, la science n'a point encore
résolu toutes les questions qu'on peut poser sur cette
lumière; on va voir qu'elles sont à peine effleurées.

Ce qu'on sait de certain, c'est que la lumière lunaire
n'est autre que celle du Soleil réfléchie dans l'espace
et vers la Terre par le sol de notre satellite. Les
preuves de ce fait sont des plus concluantes. En effet,
les situations relatives du Soleil, de la Lune et de la
Terre sont toujours exactement concordantes avec la
forme de la partie lumineuse du disque ou avec les
dimensions des phases; toujours il arrive que les
parties éclairées et obscures sont entre elles dans le
rapport géométrique qu'exigent ces situations. Ce fait
si simple, tout le monde peut l'observer à l'œil nu
avec la plus grande facilité. Comment donc expliquer
l'idée bizarre de l'astronome chaldéen Béroze, qui
considérait la Lune comme un globe demi-obscur,
demi-lumineux, tournant successivement vers la
Terre toutes ses faces? Il y a gros à parier qu'il n'a-
vait pas pris la peine d'examiner les positions qu'occupent les principales taches dans le cours d'une lunaison entière; il aurait vu que ces taches restent

toujours sensiblement aux mêmes points du disque,
et que son hypothèse n'avait rien de fondé.

Au télescope, il est encore aisé de se convaincre
que la lumière de la Lune a sa source dans le Soleil;
les innombrables aspérités dont la surface de l'astre
est couverte, sont toutes éclairées du côté des rayons
solaires, et les ombres qu'elles projettent sur le sol
se raccourcissent et s'allongent dans les proportions
qu'indique l'obliquité plus ou moins forte de ces
rayons.

Ainsi, la portion de la Lune qui brille vers nous,
c'est celle qui jouit de la lumière du jour; la partie
obscure invisible ou que nous distinguons à peine,
c'est la région plongée dans la nuit. Telle nous verrions la Terre, si, transportés au loin dans l'espace,
à la distance de la Lune par exemple, nous jetions les
regards sur notre globe, devenu corps céleste et lumineux.

Voilà donc une première question dont la solution
ne peut laisser aucun doute. Passons à quelques autres.

Quelle est l'intensité de la lumière du disque lunaire, soit considérée d'une façon intrinsèque, soit
mesurée par le degré d'illumination que produisent
ses différentes phases? Sur une quantité donnée de
lumière solaire que reçoit le sol de la Lune, combien
nous en est renvoyée? Quelle proportion a été absorbée par la surface de notre satellite? La lumière
de la Lune est-elle blanche ou colorée; exerce-t-elle
une action chimique appréciable sur les substances
terrestres?

Disons ce que l'on sait ou ce qu'on croit savoir sur
tous ces points de physique lunaire.

Comparée à la lumière du Soleil, la lumière de la pleine Lune n'en est que la 801 072ᵉ partie : c'est du moins le nombre qui résulte des expériences du physicien Wollaston [1]. Il faudrait donc 800 000 pleines Lunes environ pour produire la lumière du jour, quand le ciel est complétement serein. A la vérité, la Lune n'est pas toujours à la même distance de la Terre, mais il s'agit ici de l'intensité de sa lumière à la distance moyenne. L'intensité maximum surpasse l'intensité minimum de près d'un quart, si l'on calcule l'excès de la surface du disque lunaire à l'époque du périgée sur la même surface apparente à l'apogée [2].

L'intensité lumineuse de la pleine Lune étant appréciée, il est facile d'en déduire celles du disque à ses différentes phases. Au premier et au dernier quartier, elle est tout naturellement moitié moindre. Aux deux octants, dont l'un précède et l'autre suit la nouvelle Lune, la lumière de notre satellite est réduite au septième de son éclat; aux deux octants, au contraire, dont l'un précède et dont l'autre suit la pleine Lune, elle n'est inférieure que d'un septième à l'illumination totale du disque.

Ces évaluations sont toutes géométriques, et supposent que toutes les régions de la Lune, à l'est, à

---

1. Bouguer, au siècle dernier, avait trouvé un nombre bien différent de celui du physicien anglais : l'éclat de la pleine Lune était suivant lui la 300 000ᵐᵉ partie de celui du Soleil, plus du double de celui que nous venons de citer d'après Wollaston. Mais la photométrie n'a pas dit son dernier mot ; ces deux nombres si différents ont besoin d'être vérifiés.

2. *Périgée*, plus courte distance, *Apogée*, plus grande distance d'un astre à la Terre ; des mots grecs περί, *près de*, ἀπό, *loin de*, et γῆ, *terre*.

l'ouest et au centre du disque, sont également lumineuses. Or, il n'en est pas ainsi. Arago a trouvé que
la lumière du bord de la Lune est près de trois fois
aussi forte que la lumière émise par les grandes taches. Comme les taches sombres ne sont pas unifor-
mément réparties dans les différentes régions en vue,
il y aurait lieu de mesurer directement l'éclat du
disque dans tout le cours d'une lunaison.

La lumière de la Lune est-elle colorée?

D'après Humboldt, elle est légèrement jaunâtre, ou
du moins paraît telle, lorsqu'on l'observe en pleine
nuit. Pendant le jour elle est blanche, et présente la
même couleur que les nuages légers éclairés par le
Soleil. Humboldt explique cette différence, en remar-
quant que la couleur naturellement jaune de la Lune
est modifiée, le jour, par l'interposition de la couleur bleue de l'atmosphère : on sait que le bleu et le
jaune sont deux couleurs complémentaires, c'est-à-
dire que leur mélange produit la lumière blanche.
Pendant la nuit, le ciel est d'un ton beaucoup plus
foncé, un peu grisâtre, de sorte que la couleur de la
lumière lunaire en est moins altérée.

A l'horizon, le disque lunaire est souvent d'un
rouge prononcé, ce qui s'explique par la forte réfraction qu'éprouvent les rayons lumineux en traversant
dans leur plus grande épaisseur les couches les plus
denses de l'atmosphère terrestre. Enfin, quand on observe la Lune dans les rues des villes éclairées par la
lumière rouge-jaune des becs de gaz, elle paraît d'un
blanc bleuâtre; mais ce n'est évidemment là qu'un
effet de contraste.

Nous parlerons plus loin des teintes diverses que

présentent telles ou telles régions de la Lune, ainsi
que de l'éclat particulier de quelques-unes de ses
taches.

On a dit et l'on répète tous les jours tant de choses
sur l'influence qu'exerce la Lune sur notre Terre, et
ce qu'on dit est si vague, qu'il est bon d'étudier d'une
manière plus précise et plus scientifique ce qu'il peut
y avoir de fondé dans ces assertions toutes gratuites.
Voyons donc si la lumière lunaire est pour quelque
chose dans cette influence.

Et d'abord, les rayons lumineux que la Lune réfléchit vers la Terre, venant indirectement du Soleil,
sont sans doute accompagnés des rayons de chaleur
dont notre étoile inonde tout l'espace. Il est probable
qu'une partie de la chaleur reçue par l'hémisphère
lunaire tourné vers le Soleil est absorbée par le sol.
C'est ce qui arrive pour la Terre même, et pour tous
les autres corps célestes de notre monde. Mais une
autre partie est renvoyée par réflexion dans l'espace,
et c'est celle-là qu'il s'agit de reconnaître et d'évaluer.
Les travaux modernes sur la radiation solaire éta-
blissent comme un fait démontré, que la présence
d'une atmosphère, et surtout de la vapeur d'eau dont
elle est plus ou moins pénétrée, sert à diminuer dans
une grande proportion le rayonnement dans l'espace,
et par conséquent la déperdition de la chaleur que
le Soleil nous envoie [1]. La couche gazeuse est un
écran qui laisse, à l'aller, passer les rayons, et au retour les arrête.

La Lune, n'ayant pas d'atmosphère vaporeuse ou

1. Voyez, sur cette question intéressante, le volume de cette col-
lection qui traite du *Soleil*.

gazeuse — comme nous le verrons plus loin — le
rayonnement calorifique doit s'y faire avec une grande
intensité, et comme le même point du sol reste exposé
plus de 350 heures à l'ardeur des rayons solaires, il
semble que la quantité de chaleur réfléchie vers la
Terre puisse aisément être appréciée.

En est-il ainsi ? D'anciennes expériences ont donné
un résultat négatif. La concentration, avec des miroirs
ou des lentilles, de la lumière de la Lune au foyer de ces
appareils, n'avait produit, sur les thermomètres les plus
sensibles, aucun effet appréciable. Depuis, Melloni a
constaté un échauffement très-faible, à la vérité, mais
très-réel. M. Piazzi Smyth, dans l'expédition scientifique qu'il a entreprise en 1856, au pic de Ténériffe,
a confirmé les expériences de Melloni. C'est ce que
M. Babinet constate en ces termes dans le cinquième
volume de ses *Études et lectures sur les sciences d'observation* :

« M. Smyth, dit-il, put observer facilement l'effet
de la chaleur de la Lune, que Melloni avait eu tant de
peine à rendre sensible dans les expériences faites aux
environs de Naples. Quoique la Lune fût alors très-
basse, l'effet de ses rayons était encore le tiers de celui des rayons calorifiques d'une bougie placée à
15 pieds anglais (4^m.57) de distance. »

Maintenant, pour apprécier convenablement ce résultat, il faut se rappeler ce que nous venons de dire
sur la difficulté que les couches atmosphériques op-
posent au passage des rayons calorifiques qui n'éma-
nent pas directement de la source, ou, si l'on veut,
qui ont été une première fois réfléchis. Il est probable
que ce sont les couches supérieures de notre atmo-

sphère qui absorbent la chaleur des rayons lunaires, et l'on expliquerait ainsi le dicton : *la Lune mange les nuages*. En effet, l'élévation de température dont il s'agit, ayant pour effet de raréfier les particules condensées de vapeur aqueuse dont les nuages sont formés, ceux-ci seraient en partie dissipés par l'action calorifique due à la présence de notre satellite dans le ciel.

Il y aurait un moyen de vérifier l'exactitude de cette explication, à la condition toutefois d'avoir constaté préalablement le phénomène météorologique lui-même : ce serait d'établir, à des altitudes différentes des thermomètres très-sensibles, et d'y répéter les expériences de Melloni, non-seulement à l'époque de la pleine Lune, mais pour chacune des phases d'une lunaison. On comprend d'avance qu'il faudra que les variations, si elles sont constatées, varient en proportion de la surface éclairée du disque. Les observations de M. P. Smyth, citées plus haut, et qui ont été effectuées à des altitudes de 2700 et de 3320 mètres, permettent d'espérer que les moyens de vérification que nous proposons seraient efficaces.

La lumière de la Lune exerce encore une influence qui n'est plus douteuse : nous voulons parler de son action chimique sur certaines substances terrestres. C'est cette action qui rend possibles les photographies lunaires, qu'on obtient aujourd'hui avec une netteté et une perfection si remarquables ; mais la propriété qu'elle possède ainsi, elle la partage, sauf le degré, avec la lumière solaire, résultat qu'on pouvait prévoir, puisqu'elles ont la même origine.

Tout récemment, la lumière de la Lune a été soumise aux procédés de l'analyse spectrale. MM. Huggins et Miller ont comparé le spectre obtenu en examinant des parties limitées de la surface de la Lune, avec le spectre solaire. Ils n'ont découvert aucune modification qui permette de conclure que la lumière du Soleil a changé de nature en se réfléchissant à la surface de notre satellite.

Concluons donc : si la Lune exerce sur les phénomènes météorologiques de notre Terre une certaine influence, cette influence paraît resserrée entre de très-étroites limites. La chaleur qu'elle rayonne est presque entièrement absorbée par les couches supérieures de notre atmosphère; l'action chimique de sa lumière, quelque faible qu'elle soit, n'est pas contestable. Il reste à savoir si elle est pour quelque chose dans le mouvement de la végétation.

Enfin, l'influence calorifique et l'influence lumineuse doivent avoir leur maximum d'intensité à la pleine Lune, leur minimum à la Lune nouvelle, résultat qui est en contradiction avec les croyances populaires.

IV

LUMIÈRE CENDRÉE.

Origine de la lumière cendrée. — Son intensité, sa couleur.
— Variations en rapport avec la partie de la Terre qui est
en vue de la Lune.

La partie brillante de la Lune, celle que le Soleil
éclaire directement, varie de forme dans le cours
d'une lunaison entière, depuis le mince croissant lumineux de la Lune nouvelle et de la dernière phase, jusqu'au cercle entier que présente l'astre dans son plein.
Mais, outre cette lumière assez éclatante, et dont
on vient de voir quelle est l'intensité comparée à celle
du Soleil, le disque lumineux offre dans sa partie
obscure, à certaines de ses phases, une lueur beaucoup plus faible, connue sous le nom de *lumière cendrée*. La lumière cendrée est aisée à observer à l'œil
nu. Tout le monde peut la voir quelques jours avant
ou après la nouvelle Lune, alors que notre satellite
apparaît sous la forme d'un croissant délié. Toute la
partie de l'hémisphère tourné vers nous, que ne frappent point les rayons du Soleil, s'aperçoit néanmoins
distinctement, de manière à terminer le cercle entier

du disque. La lueur est faible et comme phosphorescente. Arago a donné un moyen d'en évaluer l'intensité, en la comparant à l'intensité constante de la lumière du reste du disque, mais nous ne sachions pas que ce procédé ait été appliqué [1].

La lumière cendrée de la Lune nouvelle apparaît dès que le croissant est visible et ne disparaît guère avant le premier quartier : de même, au décours de la Lune, elle devient visible un peu après le dernier quartier, pour ne disparaître qu'avec notre Satellite lui-même. D'après Schrœter et de Lalande, c'est vers le troisième jour qui suit ou qui précède la nouvelle Lune, qu'elle est la plus vive.

Fig. 16. Lumière cendrée.

Tout le monde peut remarquer que le contour extérieur de la partie brillante du disque paraît sensiblement déborder le contour de la partie que la lumière cendrée rend visible. C'est là une illusion produite par le phénomène optique de *l'irradiation* qui donne aux objets une dimension apparente d'autant plus grande, qu'ils sont éclairés d'une lumière plus vive.

1. Sauf par Arago lui-même qui a trouvé que l'intensité de la lumière cendrée était la 4000e partie de celle de la partie éclairée de la Lune, six jours avant la nouvelle Lune, et la 7000e partie, au 7me jour de la Lune

L'intensité de la lumière cendrée peut être assez forte pour qu'on distingue les plus grandes taches de la Lune, même à l'œil nu. Mais si l'on a soin d'employer une lunette d'une certaine puissance, un bien plus grand nombre de détails deviennent perceptibles. Grâce aux lunettes, on peut voir aussi la lumière cendrée beaucoup plus longtemps qu'à la vue simple ; Schrœter l'a observée trois heures après le premier quartier, mais, ainsi que le rapporte Arago, c'est en se servant d'un grossissement de 160 fois appliqué à un télescope de 2^m. 3 de foyer.

D'où vient la lumière cendrée ? Est-ce une lueur propre à la Lune ?

Les anciens, qui n'avaient pas de notions bien positives en astronomie physique, la regardaient comme produite par une sorte de phosphorescence de la surface ou du sol lunaire. Mais on va voir que l'explication en est trop simple pour que le moindre doute reste à ce sujet. Selon la plupart des astronomes, c'est Mœstlin qui, en 1596, reconnut que la lumière cendrée est la lumière même de la Terre, réfléchie sur la Lune par les phases visibles de notre globe. Mais la même explication, ne l'oublions pas pour la gloire d'un grand peintre, avait été donnée, 100 ans avant Mœstlin, par Léonard de Vinci.

De la Lune, en effet, la Terre se voit précisément sous les mêmes apparences que notre satellite vu de la Terre. Mais les phases terrestres sont inverses des phases lunaires, ainsi que le montre avec évidence la figure 10. En se reportant au dessin, on voit aisément que la nouvelle Lune correspond à la *pleine Terre*, de sorte que l'hémisphère obscur de notre satellite reçoit, par réflexion, toute la lumière de l'hémisphère éclairé de la Terre. A la pleine Lune, au contraire, c'est l'hémisphère obscur de la Terre qui est en face de l'hémisphère lunaire éclairé, de sorte que la Terre est alors invisible. Entre ces deux époques enfin, la Lune voit des portions d'autant plus considérables de l'hémisphère lumineux de

Fig. 17. La Terre vue de la Lune à la fin du décours.

la Terre, que nous sommes plus voisins de la Lune nouvelle.

Comme d'ailleurs la surface apparente de notre globe vu de la Lune est environ treize fois plus considérable que le disque lunaire, il est aisé de comprendre que le *clair de Terre* doit donner aux nuits de la Lune une lumière bien supérieure à celle de nos clairs de Lune. L'intensité serait même treize fois plus forte, si la surface extérieure des deux astres était douée du même pouvoir réfléchissant.

Ainsi la lumière cendrée n'est pas autre chose que la lumière du Soleil, réfléchie une première fois de la Terre à la Lune, une seconde fois de la Lune à la Terre.

Il paraît certain que l'intensité du reflet lunaire est plus forte pendant la période du décours que dans les premiers jours de la Lune nouvelle. Galilée

Fig. 18. La Terre vue de la Lune au commencement de la Lunaison.

l'avait remarqué; depuis ce grand homme, de nombreux observateurs ont confirmé l'exactitude du fait. A quoi tient cette différence ? Voici l'explication généralement adoptée :

Quand la Lune, à la fin de son cours, apparaît à l'orient, l'hémisphère éclairé de la Terre qui, tourné vers notre satellite, éclaire sa partie obscure et produit la lumière cendrée, contient une grande étendue de terres, l'Europe orientale, l'Afrique et surtout

l'Asie ; les mers y occupent une moindre étendue
relative. Au contraire, lorsque c'est à l'occident que
nous voyons paraître la Lune, alors nouvelle, l'hémisphère qui lui envoie sa lumière est en grande
partie composée des océans Atlantique et Pacifique.
Or on sait que les mers absorbent une quantité de
lumière beaucoup plus forte que les terres, de sorte
que le premier des deux hémisphères, vu de la Lune,
doit être notablement plus lumineux que l'autre : il
éclaire donc avec plus de force les régions obscures
de notre satellite.

Si cette explication est exacte, il est clair que le
phénomène opposé doit s'observer en Australie, où
la lumière cendrée sera moins vive dans le décours
de la Lune que pendant la période croissante. Mais
nous ignorons si ce fait a été constaté.

On a dit aussi que cette différence pouvait pro-
venir de la Lune même, dont l'hémisphère oriental
renferme une plus grande étendue de taches sombres que l'hémisphère occidental, et par conséquent
est doué d'un pouvoir réfléchissant plus considérable. Cette opinion ne laisse pas que d'être fort plau-
sible, et comme elle n'est pas contradictoire avec la
première, il est très-possible que la différence d'intensité observée provienne des deux causes à la
fois.

La qualification de lumière *cendrée* indique pour
cette lueur une couleur généralement grisâtre. Cependant divers observateurs lui ont assigné une
teinte *vert d'olive*, qui n'était peut-être qu'acciden-
telle. Arago, l'un de ces derniers, penchait à croire
que cette teinte est due à un effet de contraste pro-

duit par le voisinage du croissant lumineux, dont la
couleur est d'un jaune orangé. Mais il se demandait
néanmoins si le phénomène de coloration dont il
s'agit ne pouvait être attribué à la teinte bleu-ver-
dâtre réfléchie sur le disque lunaire par l'atmosphère terrestre. S'il en était ainsi, l'explication de
Lambert, également rapportée par Arago, mérite-
rait à fortiori d'être prise en considération. Voici
les paroles de l'illustre astronome, qu'Humboldt cite
aussi dans son *Cosmos* :

« Le 14 février 1774, je vis que cette lumière, bien
loin d'être cendrée était couleur d'olive.... La Lune
était verticalement au-dessus de la mer Atlantique,
tandis que le Soleil dardait ses rayons à plomb sur
les habitants de la partie australe du Pérou. Le Soleil répandait donc sa plus grande clarté sur l'Amérique méridionale, et si les nuées ne l'interceptaient
nulle part, ce grand continent devait réfléchir vers
la Lune une quantité assez abondante de rayons
verdâtres, pour en donner la teinte à la partie de la
Lune que le Soleil n'éclairait pas directement. Telle
est la raison que je crois pouvoir alléguer de ce que
je vis couleur d'olive la lumière de la Lune qu'on
appelle communément cendrée. Ainsi la Terre, vue
des planètes, pourra paraître d'une lumière verdâtre. »

V

LA LUNE CONSIDÉRÉE COMME FLAMBEAU NOCTURNE.

Inégalités du pouvoir éclairant de la Lune ; distribution ir-
régulière de sa lumière entre les nuits des diverses saisons. — Durée de sa visibilité nocturne dans une lunaison
hivernale.

En parlant de la Lune, les poëtes ne manquent
jamais de lui donner l'épithète de flambeau des
nuits; ce qui est périodiquement d'une grande vérité, c'est-à-dire vers l'époque de la pleine Lune,
mais ce qui est loin d'être exact pour le reste de la
lunaison.

S'il était vrai que la Lune eût pour fonction d'é-
clairer les nuits terrestres, et de suppléer ainsi à
l'absence de la lumière solaire, il faudrait avouer
qu'elle s'acquitte de cette tâche d'une façon bien
insuffisante, je ne dis pas au point de vue de l'intensité de son éclat, si prodigieusement inférieur à
celui du Soleil, mais au point de vue seul de la régularité et de la constance.

Remarquons d'abord, en effet, que les phases de
la Lune sont tellement distribuées que, dans un

mois lunaire, elles passent par tous les degrés de grandeur, depuis la nouvelle Lune où la Terre ne reçoit aucune lumière de notre Satellite, jusqu'à la pleine Lune, où elle la reçoit à peu près tout entière. Les nuits terrestres se trouvent donc, par ce fait même, très-inégalement partagées. En réalité, la quantité de lumière réfléchie par le disque de la Lune est tout juste égale à celle que nous enverrait l'astre, s'il était constamment à son premier ou à son dernier quartier, puisqu'en considérant une phase quelconque, pendant le cours de la Lune, cette phase a précisément son complément pendant le décours : les portions illuminées du disque, réunies, à ces deux époques opposées, formeraient exactement une pleine Lune.

Ce n'est pas tout. Pendant tout le temps que la Lune est visible entre deux nouvelles lunes successives, il s'en faut que ce soient les nuits seules qui profitent de sa lumière. Or, toutes les fois qu'elle se trouve au-dessus de l'horizon en même temps que le Soleil, c'est de la lumière prodiguée en pure perte, comme celle d'un flambeau qu'on allume en plein jour. A ce point de vue encore, les nuits de notre planète sont très-diversement éclairées, suivant qu'elles appartiennent à l'une ou à l'autre des quatre saisons. C'est pendant les longues nuits d'hiver que la lumière de la Lune peut avoir la plus grande utilité. Eh bien, même à cette époque, elle s'acquitte fort mal de ses prétendues fonctions. J'en vais donner une preuve. Le 7 novembre 1866, à dix heures et demie du matin environ, la Lune sera à l'époque de sa conjonction : elle sera nouvelle. Le mois lunaire se terminera le 7 décembre suivant, à 5 heures et demie du matin. Dans cet intervalle, la durée totale des nuits, calculée du coucher au lever du Soleil, s'élève à environ 466 heures et demie ; or, à la latitude de Paris, la Lune n'est visible ou du moins n'est au-dessus de l'horizon nocturne que pendant 218 heures, moins de la moitié de la durée entière.

Ce n'est pas tout : par le seul fait de son propre mouvement combiné avec le mouvement de la Terre, notre Satellite, on vient de le voir, est un fort mauvais éclaireur de nos nuits ; mais c'est bien autre chose, si à l'irrégularité et à l'insuffisance de sa lumière, on joint les obstacles qui proviennent des intempéries atmosphériques. Les nuages, les brouillards viennent encore intercepter, hélas trop souvent dans nos climats, ses faibles rayons.

On peut voir, par cet exemple, combien puériles et vaines sont les prétentions des gens qui veulent à toute force interpréter les phénomènes au profit de leurs systèmes, et substituer aux vues de la nature de mesquines explications. La Lune a certainement sa raison d'être, mais c'est en étudiant ce qu'elle est, non, en l'imaginant à priori, que l'homme peut espérer de soulever un coin du voile qui nous cache la vérité.

VI

LES GRANDES TACHES DE LA LUNE.

Opinions populaires sur la figure de la Lune : permanence
des taches. — Les taches sombres : Mers, Lacs et Marais.
— Les taches brillantes ou les continents.

Les principales taches de la Lune s'observent très-
distinctement à l'œil nu. De larges portions, d'une
teinte plus sombre que la lumière générale du
disque, se découpent avec netteté sur un fond dont
l'intensité lumineuse paraît elle-même inégalement
répartie. Il n'est personne qui n'ait pu, sans pour cela
faire une étude détaillée des taches visibles à l'œil nu,
se familiariser avec l'aspect que ces différences de
teintes donnent au disque lunaire. Tout le monde
peut remarquer aussi que cet aspect ne varie pas, ou
du moins varie fort peu, soit dans la même lunaison,
soit dans le cours des lunaisons successives. La Lune,
en effet, présente toujours la même face à la Terre ;
c'est le même hémisphère que nous apercevons sans
cesse. Nous verrons plus tard que cette permanence des
mêmes taches témoigne du mouvement de rotation

4

de la Lune, mouvement dont la durée est précisément égale à celle de sa révolution autour de la Terre.

Une opinion populaire très-répandue et très-ancienne voit dans la figure de la pleine Lune un visage ou un corps humain, car suivant l'imagination de l'observateur, c'est l'une ou l'autre de ces deux apparences qu'il se représente plus volontiers. « Les parties obscures et lumineuses, dit Arago, dessinent vaguement une sorte de figure humaine, les deux yeux, le nez, la bouche. » D'autres voient dans les mêmes taches une tête, des bras et des jambes : dans nos campagnes, c'est Judas interné dans la Lune, en punition de son crime de trahison et de félonie.

Ne nous arrêtons pas sur ces remarques futiles, dont le seul mérite est de prouver que depuis longtemps on a constaté le fait sur lequel nous voulions appeler l'attention du lecteur.

Dans le cours d'une lunaison, le disque n'étant entièrement visible que le jour de la pleine Lune, c'est cette époque qu'il faut choisir de préférence pour étudier la distribution générale des taches. Au premier quartier, l'on ne voit que la partie occidentale de l'hémisphère visible; le dernier quartier montre la partie orientale[1]. Quand le croissant est très-délié,

---

1. Pour observer la Lune à son passage au méridien, on se tourne naturellement vers le côté sud de l'horizon. Alors les deux points extrêmes du diamètre du disque perpendiculaire à l'horizon donnent les points Nord et Sud. A gauche se trouve le point Est, et à droite le point Ouest. Si l'on observe à l'aide d'une lunette astronomique, l'image est renversée, le Sud se trouve en haut et le Nord en bas du disque; l'Ouest à gauche et l'Est à droite. Pour distinguer les diverses régions de la Lune, on consi-

on a de la peine à distinguer quelques taches à l'œil nu.

Prenons donc l'instant de la pleine Lune pour celui de notre description.

Remarquons d'abord que les grandes taches grises et sombres occupent surtout la moitié boréale du disque, tandis que les régions australes sont blanches et très-lumineuses : cependant, d'un côté cette teinte lumineuse se retrouve sur le bord nord-ouest, ainsi que vers le centre; et d'autre part, les taches envahissent les régions australes du côté de l'orient, en même temps qu'elles descendent, mais moins profondément, à l'ouest. Sauf une faible partie du bord nord-ouest, tout le contour de la Lune est blanc et lumineux et participe au ton des régions méridionales.

Entrons maintenant dans quelques détails.

Voyez-vous à l'occident et tout près du bord une large tache grise, de forme ovale et régulière, isolée au milieu de la teinte plus lumineusé du bord : c'est la *Mer des Crises*. N'attachez à ce nom de mer aucun sens spécial; c'est la commune dénomination sous laquelle les premiers observateurs ont désigné toutes les grandes taches grisâtres de la Lune : nous donnerons plus loin les raisons qui leur firent prendre ces espaces pour de grandes étendues d'eau, tandis qu'ils considéraient les parties brillantes dont elles sont

---

dère soit les régions australes et les régions boréales, soit la partie occidentale et la partie orientale, chacune de ces parties comprenant le demi-cercle au sommet duquel se trouve le point qui lui donne son nom. Les pôles Nord et Sud sont situés : le premier, dans la région boréale, le second, dans la région australe, mais sans coïncider exactement avec les points Nord et Sud du disque.

entourées, comme les continents lunaires. La situation de la Mer des Crises sur le contour occidental
de la Lune, permet de la reconnaître, dès les premières phases de la lunaison, jusqu'à la pleine Lune :
pour la même raison, elle est la première à disparaître à l'origine du décours.

Entre la Mer des Crises et le centre du disque, un
large espace sombre, découpé à sa partie inférieure
par une sorte de promontoire aigu, a reçu le nom de
Mer de la Tranquillité. Elle projette vers l'ouest deux
appendices, dont le plus occidental et le plus grand
forme la *Mer de la Fécondité*, tandis que l'autre, plus
petit et plus rapproché du centre, est la *Mer de Nectar*.

Si maintenant de la Mer de la Tranquillité on re-
monte vers le nord, on trouve la *Mer de la Sérénité*,
moins grande que la première, mais à peu près aussi
régulière de forme que la Mer des Crises. Cette tache
est traversée dans toute sa longueur par une raie brillante, à peu près rectiligne, et qui lui donne une certaine ressemblance avec la lettre grecque majuscule
phi (Φ). La *Mer des Vapeurs* est comme un prolongement, vers le centre, de celle de la Sérénité.

Enfin la *Mer des Pluies*, de forme ronde, la plus
vaste de toutes celles qu'on vient de passer en revue,
termine au nord la série des taches grisâtres auxquelles on est convenu de conserver le nom impropre
de mers. Il faut ensuite redescendre vers l'est pour
trouver l'*Océan des Tempêtes*, dont les contours plus
vagues vont se perdre, vers le sud, dans la *Mer des
Humeurs* et dans la *Mer des Nuées*, à peu de distance
d'un point lumineux d'où partent, dans toutes les

directions, des sillons blanchâtres d'une grande longueur.

On distingue encore, au-dessus de la Mer de la Sérénité, et dans le voisinage du pôle boréal une tache étroite allongée de l'est à l'ouest, et connue sous le nom de *Mer du Froid;* sur la limite du bord nord-ouest, une tache d'une forme ovale fort allongée; c'est la *Mer de Humboldt;* et enfin sur le bord extrême du sud-ouest, la *Mer Australe,* dont on n'aperçoit sans doute qu'une partie.

Toutes ces prétendues mers projettent, sur leurs rives ou dans leur prolongement, des taches sombres plus petites qui ont reçu les noms de golfes, de lacs ou de marais. Citons-en quelques-uns.

Entre les Mers de la Sérénité et du Froid s'étendent le *Lac des Songes* et le *Lac de la Mort.* Les *Marais de la Putréfaction* et *des Brouillards* occupent la partie occidentale de la Mer des Pluies, dont la rive septentrionale forme un golfe arrondi connu sous le nom de *Golfe des Iris* ou des *Arcs en ciel.* Le *Golfe de la Rosée* est le prolongement vers l'extrême nord-ouest de l'Océan des Tempêtes.

Enfin, pour terminer cette nomenclature qui nous sera plus tard fort utile dans la description géographique de notre satellite, citons encore le *Marais du Sommeil* à l'ouest de la Mer de la Tranquillité; le *Golfe du Centre* qui est le prolongement méridional de la Mer des Vapeurs; enfin le *Golfe des Marais* qui s'avance jusque sur le bord méridional de la Mer des Pluies.

Quant aux grands espaces lumineux et brillants qui encadrent les taches grisâtres que nous venons de décrire, ils n'ont pas reçu — nous ignorons pourquoi — de dénominations générales : il n'en est pas de même, comme nous allons bientôt le voir, des détails qui échappent à la vue simple, mais que le télescope y découvre en abondance.

CHAPITRE II.

LA LUNE VUE AU TÉLESCOPE.

––––––––

VII

LES MONTAGNES DE LA LUNE.

Description générale.

Les taches lunaires que nous venons de décrire, examinées à l'œil nu, ne nous apprennent rien encore sur la structure réelle du sol de notre satellite. C'est au télescope qu'il faut maintenant les étudier, ainsi que les régions brillantes qui les entourent et dont nous n'avons rien dit encore, sinon qu'elles diffèrent d'éclat avec les premières.

Mettons donc l'œil à un instrument d'une moyenne puissance, c'est-à-dire grossissant de 30 à 60 diamètres. Choisissons l'époque où la Lune est à l'un ou à l'autre de ses quartiers, c'est-à-dire quand le disque nous présente éclairée sa moitié occidentale ou sa moitié orientale.

Un spectacle merveilleux s'offre aussitôt à notre vue. Toutes les parties blanches ou brillantes du disque nous apparaissent parsemées d'une multitude prodigieuse de cavités de forme circulaire ou ovale et de dimensions très-diverses. C'est dans les régions centrales ou mieux sur les limites de la partie éclairée de la Lune que ces accidents de la surface semblent le mieux accuser la structure dont nous parlons et qu'il est impossible de méconnaître. Ce sont comme autant de coupes dont les bords ou arètes, en forme de remparts, s'élèvent à la fois au-dessus du niveau général et au-dessus du fond même de la cavité. Chacune d'elles est vivement éclairée du côté même de la lumière, c'est-à-dire à l'extérieur pour le demi-cercle qui présente sa convexité aux rayons solaires, et à l'intérieur, pour l'autre moitié de l'enceinte qui leur présente sa concavité.

Au contraire, du côté de la moitié obscure du disque, on aperçoit des ombres très-accusées qui achèvent de dessiner à merveille la forme générale de tous ces accidents du sol. Le fond même de la coupe est tantôt très-lumineux, tantôt d'une teinte plus sombre, et dans quelques-unes des cavités, on aperçoit très-nettement des éminences qui portent ombre sur le sol intérieur.

Leurs dimensions, avons-nous dit, sont très-variées. Les unes paraissent comme de petits trous dont le sol est criblé. Les autres sont comme de vastes cirques, ou enceintes circulaires renfermant quelquefois, à leur intérieur et sur leurs bords, des cavités d'une dimension beaucoup moindre.

Ce premier coup d'œil jeté, à l'aide d'une lunette,

sur le disque de la Lune, nous démontre avec une pleine évidence que le sol lunaire est couvert d'aspérités et de dépressions. Ces aspérités ne sont autre chose que les montagnes de la Lune.

Continuons notre exploration.

Nous avons vu que la forme des accidents du sol est tantôt circulaire, tantôt ovale. Y a-t-il une réelle différence entre ces deux aspects? Non, comme nous pourrons aisément nous en convaincre.

Remarquons cette circonstance. La forme exactement circulaire appartient à toutes les cavités, à toutes les enceintes situées dans les régions centrales du disque. Quand on examine celles qui s'éloignent du centre pour se rapprocher peu à peu des bords, on voit que leur forme devient insensiblement ovale ou elliptique, et l'ovale est d'autant plus allongé que la cavité qu'on examine est plus rapprochée du bord, quelle que soit d'ailleurs la direction qu'on ait choisie pour faire cet examen. En outre, le plus grand diamètre de chaque ellipse est toujours parallèle à la portion d'arc de cercle du bord lunaire, qu'on obtient en joignant le centre du disque au centre de la cavité considérée.

La plus simple réflexion sur ces circonstances singulières nous oblige à reconnaître que la forme réelle de chaque cavité, de chaque enceinte, est la forme circulaire. L'apparence elliptique n'est due qu'à un effet de perspective, provenant de ce que chaque cercle se trouve tracé sur les diverses parties d'une moitié de sphère. Les portions de surface qui se trouvent en face de notre rayon visuel perpendiculairement à sa direction nous apparaissent non déformées ; les autres, au contraire, sont vues obliquement ; et leur déformation est d'autant plus considérable qu'elles appartiennent à des régions vues sous une obliquité plus grande.

Du reste, quand nous parlons ici de cercle et d'ellipse, c'est bien entendu en faisant abstraction des irrégularités particulières que présentent les contours de cette cavité.

Supposons maintenant que nous ayons observé la Lune à l'époque précise du premier quartier. Le lendemain et les jours suivants, si le ciel le permet, continuons notre examen.

Nous verrons la lumière envahir progressivement les régions orientales du disque, et peu à peu de nouvelles aspérités apparaître, dont les sommets seuls étaient d'abord éclairés par le Soleil. Rien n'est plus curieux que de voir se dessiner d'abord, au sein de l'ombre, la paroi intérieure d'une cavité nouvelle, sous forme de croissant, puis la lumière grandir, pénétrer au fond de la coupe, et en éclairer enfin tout le contour. D'autres fois, c'est un point lumineux isolé dont le sommet brille, tandis que la base de l'éminence est tout entière encore plongée dans la nuit.

A mesure que la Lune suit ainsi son cours, et que sa phase éclairée s'agrandit, on voit, comme on devait s'y attendre, les ombres des montagnes diminuer d'étendue; le fond des plaines s'éclairer d'une lumière plus vive, et la structure de notre satellite se déployer devant nos yeux dans tous ses détails.

Disons tout de suite, pour simplifier le langage, qu'on a donné aux cavités lunaires de petites et de moyennes dimensions, les noms de *cratères* ou de *vol-*

cans, à celles qui affectent des dimensions plus considérables, celui de *cirques*, et que les montagnes
isolées, de forme pyramidale ou conique sont des
pics ou *pitons*. Nous saurons bientô ce qu'il y a de
légitime dans ces dénominations diverses.

Voyons maintenant comment les montagnes sont
distribuées à la surface de la Lune.

Tout d'abord, on est frappé de l'inégalité de cette
distribution. Tandis que toutes les régions lumineuses
sont comme criblées de trous et hérissées d'aspérités,
les grandes taches grisâtres que nous avons appelées
des mers en sont presque totalement dépourvues. Où
elles se pressent le plus nombreuses, c'est principalement dans la partie australe de la Lune, dans le
large espace que circonscrivent, au nord, les Mers
de Nectar, de la Tranquillité et des Vapeurs, et à l'est
les Mers des Nuées et des Humeurs. Là, les cratères
et les cirques sont tellement accumulés que c'est à
peine s'ils laissent, en dehors de leurs remparts ou
enceintes, d'étroites vallées.

Au pôle nord, par delà la Mer du Froid, au sud-est,
sur les rives de l'Océan des Tempêtes, et enfin, dans
la région nord-ouest, voisine de la Mer des Crises,
on trouve également ce même caractère de contrées
couvertes d'aspérités cratériformes, tandis que les
bords de l'ouest et du nord-est sont évidemment les
prolongements des régions occupées par les mers.

A l'époque de la pleine Lune, les montagnes lunaires apparaissent entièrement éclairées, les unes,
celles des régions centrales, parce qu'elles reçoivent
en effet verticalement les rayons solaires; les autres,
celles des régions voisines des bords, parce que leurs

ombres se projettent pour nous derrière les aspérités
qui les forment. Néanmoins toutes se distinguent aisément, grâce à la lumière plus vive dont brillent
leurs arêtes.

Parmi elles, quelques-unes sont notablement plus
lumineuses que la généralité des autres : nous allons
les signaler, parce qu'elles nous serviront de jalons
ou de points de repère pour une description plus détaillée de l'orographie de la Lune.

Dans la partie australe du disque, au sud de la Mer
des Nuées, à une distance apparente du bord inférieur de la Lune à peu près égale à la cinquième par-
ie du diamètre de l'astre, un cratère, dont les dimensions dépassent la moyenne, se distingue à la fois
par son éclat, par la présence d'un pic au centre de
son enceinte, et par la multitude de bandes lumi-
neusesetblanchâtresquirayonnent tout autour de lui,
à une grande distance. C'est Tycho, qui semble comme
le centre d'un vaste système de montagnes cratériformes.

Copernic, Aristarque et Képler sont trois autres
cratères remarquables, tous trois situés au milieu de
la région des mers, vers le nord-ouest, tous trois en-
tourés de bandes lumineuses rayonnantes. Leur position les fait aisément distinguer : le premier parais-
sant le centre d'un petit système qui sépare la Mer
des Nuées de celle des Pluies; les deux autres, très-
brillants, se détachant sur le fond grisâtre de l'Océan
des Tempêtes.

A peu près au milieu du disque, au sud du Golfe
du Centre, trois larges cirques, dont les enceintes
sont presque contiguës et dont les dimensions sont à

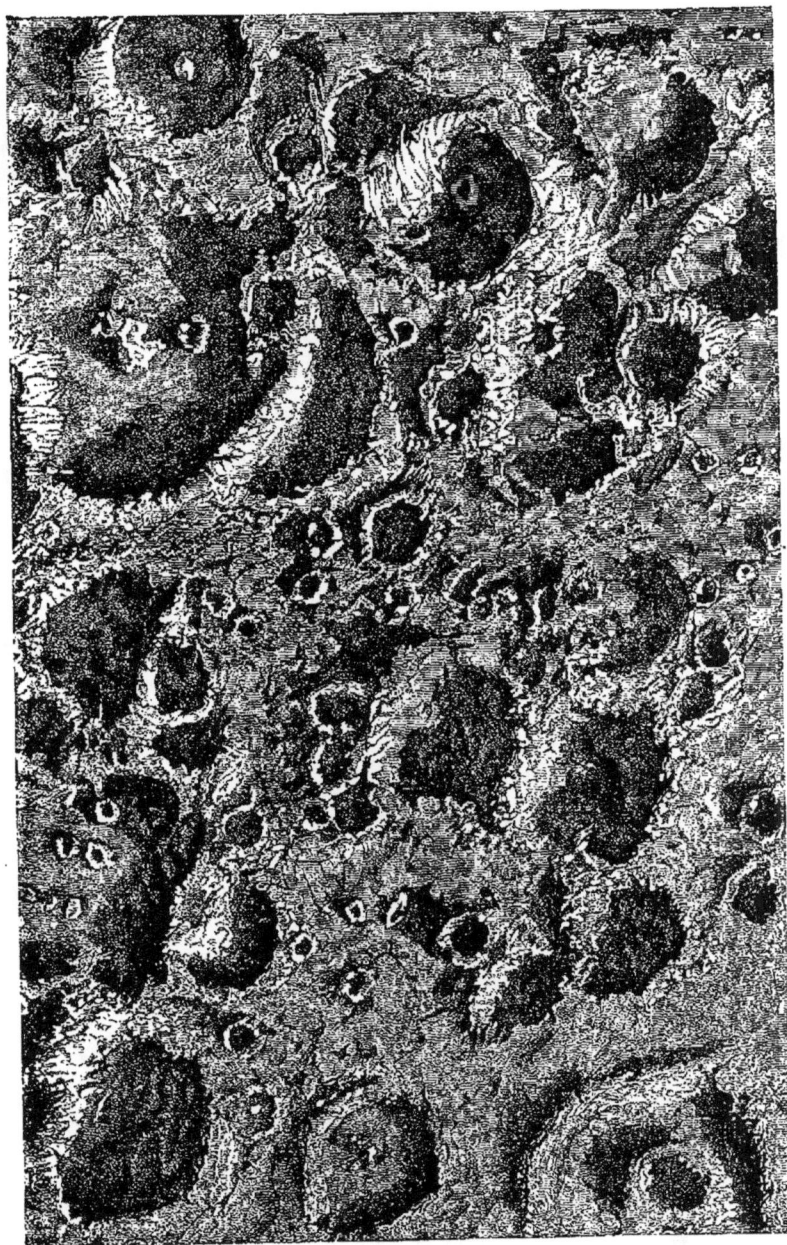

Fig. 19. Cratères et cirques lunaires, d'après Namyth.

peu près égales, ont reçu les noms de Ptolémée, d'Al-
batenius et d'Arzachel. Leurs remparts les rendent

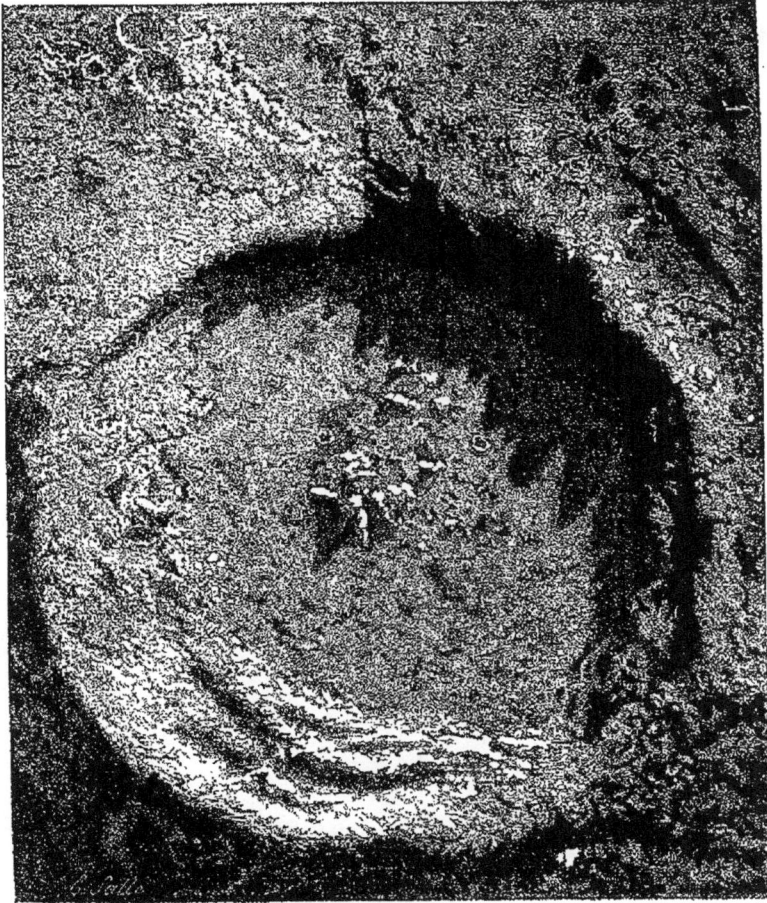

Fig. 20. Copernic.

très-visibles, principalement à l'époque du premier
quartier de la Lune.

D'autres cratères ou cirques, au lieu de se distinguer par leur éclat, sont remarquables par la teinte

sombre de leur fond : tels sont notamment, le cratère Platon sur la rive septentrionale de la Mer des Pluies qui paraît comme une tache ovale et noire ; Endymion, grand cirque voisin du bord nord-ouest, entre la Mer de Humboldt et le Lac de la Mort, et qui paraît très-sombre, même dans la Pleine Lune ; enfin le grand cirque Grimaldi, sur les rives de l'Océan des Tempêtes, dont l'ovale sombre se détache sur le fond lumineux du bord oriental de la Lune.

Avant d'étudier plus intimement la topographie lunaire et de dire ce qu'on sait de la géologie de notre satellite, donnons quelques détails sur les dimensions, superficies et hauteurs des montagnes et des grandes taches appelées mers.

VIII

LES MONTAGNES DE LA LUNE.

Dimensions des montagnes annulaires, des cratères et des cirques. — Hauteurs des remparts, des pics et des pitons.

En supposant à la Lune la forme rigoureuse d'une sphère, on trouve que sa superficie totale est d'environ 38 millions de kilomètres carrés. Cette évaluation donne 19 millions de kilomètres carrés pour la surface de l'hémisphère visible (18 995 000). Les trois dixièmes de cette dernière étendue sont occupés par les taches sombres, mers, lacs et marais, ou mieux par les plaines lunaires; et les sept autres dixièmes appartiennent aux régions montagneuses, c'est-à-dire aux taches brillantes du disque, que recouvrent les nombreux cratères, cirques et circonvallations, visibles au télescope. Mais, comme nous l'avons déjà dit, et comme nous le verrons plus loin, si les mers ou plaines comparées aux pays de montagnes, semblent unies et relativement dépourvues de ces aspérités ailleurs si nombreuses, çà et là, des montagnes cratériformes se montrent au milieu de leurs enceintes,

5

semblables à autant de sommets élevés qu'une inondation générale n'aurait pu atteindre.

Lorsque, l'œil à la lunette, on contemple la multitude des trous dont la surface de la Lune est criblée, il est impossible de n'être pas frappé de la ressemblance qu'offrent ces ouvertures circulaires avec les cratères de nos volcans terrestres. De là, cette dénomination affectée dès l'origine à la plupart des montagnes de la Lune. Mais cette analogie de forme pourrait nous induire en erreur, quand nous chercherons à pénétrer les causes des phénomènes lunaires, si nous ne donnions d'abord une idée exacte des dimensions de ces montagnes, des surfaces que circonscrivent leurs remparts et des hauteurs de leurs arêtes au-dessus du sol voisin.

Commençons par les grandes circonvallations, qui ont reçu le nom de cirques.

La plus considérable de toutes paraît être Shickardt, immense cirque, situé vers le bord sud-est de la Lune, un peu au-dessous de la Mer des Humeurs. Son diamètre est évalué à 64 lieues (256 kilomètres), ce qui donne aux remparts qui entourent son enceinte un développement de 800 kilomètres, et à l'enceinte elle-même une surface de plus de 51 000 kilomètres carrés : c'est la 760ᵉ partie de la superficie totale de la Lune, la 11ᵉ partie du sol de notre France.

Clavius, grand cirque irrégulier qu'on aperçoit un peu au midi de Tycho, et Grimaldi viennent ensuite, le premier avec un diamètre de 57 lieues, le second mesurant 56 lieues de largeur.

Citons encore, parmi les montagnes annulaires que

nous avons eu déjà l'occasion de remarquer, Ptolémée, Hipparque, Platon, Copernic et Tycho ; les diamètres de ces grands cirques sont respectivement de 46, de 35, de 24 et de 22 lieues. Plus de trente autres cirques offrent des diamètres supérieurs à 80 kilomètres ou à 20 lieues.

Si nous descendons maintenant des cirques aux cratères, nous trouverons encore un nombre considérable de ces derniers dont l'étendue en diamètre et en surface sera de beaucoup supérieure à toutes les montagnes volcaniques terrestres. C'est ainsi que, dans la région montagneuse située à peu près au sud-ouest de Ptolémée, le cirque d'Abulfeda dont le diamètre mesure encore 37 kilomètres, est entouré à diverses distances d'un assez grand nombre de cratères de 1 à 5 kilomètres de dimensions transversales. Les plus grands cirques volcaniques de la Terre ont au plus 15 kilomètres : telle est par exemple la circonvallation volcanique de Ténériffe ; mais les véritables cratères de ce volcan, ont à peine un diamètre de 150 à 200 mètres. Tout au plus, comme le remarque Humboldt, seraient-ils visibles au télescope.

Nous donnons ici (fig. 21), un fragment de la belle carte de la Lune dont tous les détails ont été relevés et dessinés par Beer et Mædler. Ce fragment représente un coin de la région montagneuse qui couvre une grande partie de la moitié australe du disque, entre Tycho et la mer de Nectar. Cinq grands cirques, Geber, Tacitus, Almanon, Abulfeda et Descartes y sont accompagnés de nombre de cratères plus petits. Les vallées qui séparent ces montagnes annulaires sont elles-mêmes très-accidentées : une

foule de petites collines, groupées par rangées paral‑
lèles, y courent dans tous les sens.

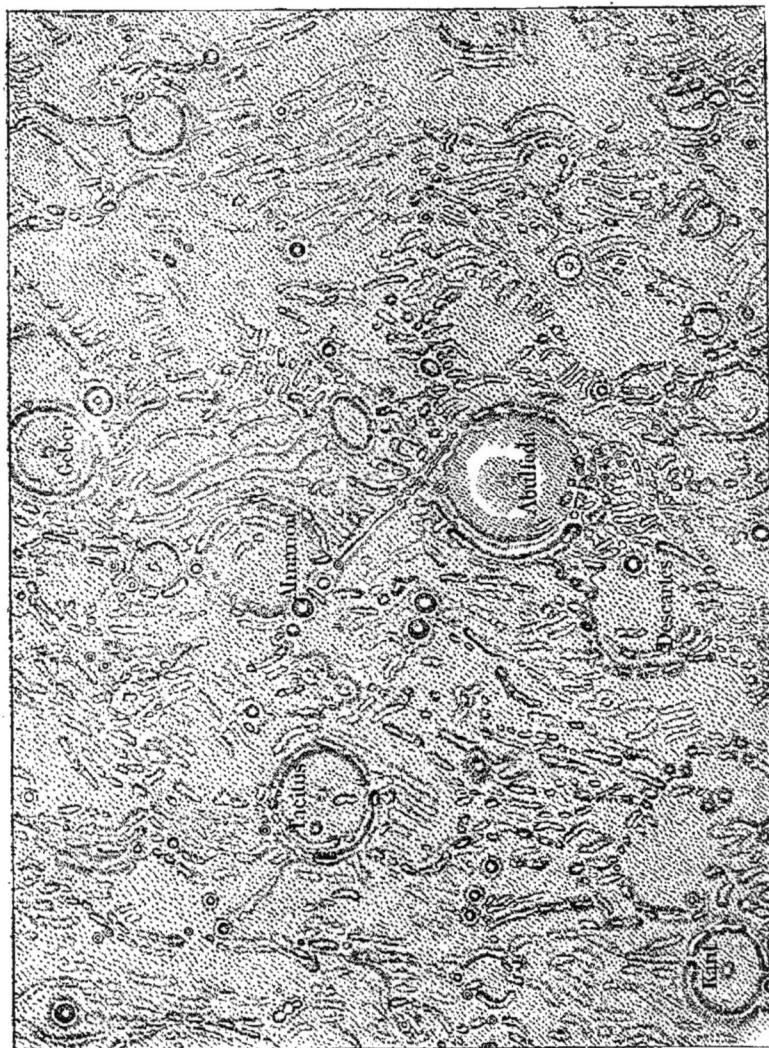

Fig. 21. Formes circulaires et elliptiques des montagnes lunaires.

Quant aux remparts des cirques, on peut voir qu'ils
ne sont pas formés de hauteurs complétement conti‑

guës; des pics y dominent d'autres crètes d'altitudes diverses. Enfin, on peut remarquer encore que les enceintes sont quelquefois composées de deux lignes ou assises parallèles et circulaires, formant gradins.

Mais quelles sont ces hauteurs? De combien s'élèvent-elles au-dessus du sol environnant, au-dessus du fond des enceintes circulaires, comme au-dessus des vallées extérieures? Ce sont là des questions qui présentent, non-seulement un intérêt de curiosité, mais une grande importance pour l'étude topographique et géologique de notre satellite.

On possède à cet égard de nombreuses données. Sans parler de la mesure des hauteurs d'un certain nombre de montagnes, effectuées par les astronomes des derniers siècles, mais d'une manière insuffisante, disons que Beer et Mædler ont déterminé l'altitude de 1100 points de la surface de la Lune. Nous n'entrerons pas dans l'exposé des méthodes adoptées pour ce genre de mesures, bien qu'elles soient fort simples et basées sur la géométrie élémentaire. Nous nous contenterons de donner les résultats.

C'est dans le voisinage du pôle austral que se dressent les sommets les plus élevés des montagnes lunaires. Deux pics, appartenant aux monts Dœrfel et Leibnitz, atteignent une hauteur de 7600 mètres, de beaucoup supérieure, comme on voit, à celle de notre Mont-Blanc (4813 mètres). Du sommet de l'une de ces montagnes, l'œil embrasserait un horizon de plus de 80 kilomètres de rayon, distance très-grande sur un globe dont la courbure est aussi prononcée.

Quatre autres montagnes dépassent 6000 mètres de hauteur. L'un des pics qui s'élèvent à l'ouest

de l'enceinte de Clavius, mesure 7091 mètres au-
dessus du fond d'un cratère situé dans un immense
cirque. La montagne annulaire de Newton, voisine
du pôle austral, est bordée de remparts qui dominent
le fond du cratère de 7264 mètres : c'est la hauteur
de la plus haute cime des Andes. « L'excavation du
cratère de Newton est telle, dit Humboldt, que jamais
le fond n'en est éclairé ni par la Terre ni par le Soleil, » circonstance qui tient aussi à sa position extrême sur le disque de la Lune. Enfin, les monts Ca-
satus et Curtius s'élèvent encore à des hauteurs de
6 956 et de 6769 mètres.

Dans les régions boréales, on trouve aussi des hauteurs considérables : Calippus, un des pics de la chaîne
du Caucase, et Huygens, dans les Apennins, atteignent
respectivement 6216 et 5550 mètres de hauteur. La
crête de cette dernière chaîne est bordée, sur un de
ses côtés, de précipices d'une effrayante profondeur,
et les pics dont elle est formée vont projeter leurs
ombres à une distance de plus de 130 kilomètres.

Les montagnes en forme de dômes ou de pyramides, isolées au centre des cirques ou des cratères,
sont généralement moins élevées que les sommets de
leurs enceintes. Mais, si l'on mesure leurs hauteurs
à partir du niveau du sol inférieur, on trouve encore
des sommités qui dépassent les plus hautes montagnes
de notre Europe : le piton du cratère de Tycho a
5000 mètres de hauteur, et celui d'Eratosthène,
à l'extrémité de la chaîne des Apennins, s'élève de
4800 mètres au-dessus du fond du cirque.

D'après Humboldt, Beer et Mædler ont mesuré 39
sommets, dont l'altitude est supérieure à celle de

notre Mont-Blanc, et, comme nous venons de le voir,
6 dépassent 6000 mètres, c'est-à-dire rivalisent avec
les plus hautes cimes des Cordillères des Andes.

A la vérité, les mesures des montagnes lunaires
ne peuvent être comparées rigoureusement avec celles
des montagnes terrestres. Celles-ci sont toutes
comptées au-dessus d'un niveau commun, c'est-à-
dire au-dessus de la surface de l'Océan. Une telle
surface de repère n'existant pas sur la Lune[1],
les hauteurs y sont comptées au-dessus du sol des
plaines environnantes. Quand il s'agit des cratères,
la hauteur est ordinairement plus considérable au-
dessus du fond de l'enceinte qu'au-dessus du niveau
extérieur, et l'on a souvent mesuré l'une et l'autre
de ces altitudes.

Quoi qu'il en soit, il est certain que toutes proportions gardées, les aspérités du sol de la Lune sont
beaucoup plus considérables que celles de notre
planète. Les monts Dœrfel et Leibnitz sont, il est vrai,
inférieurs de 1200 mètres environ au fameux Gaou-
risankar de l'Hymalaya. Mais, tandis que ce géant des
montagnes terrestres ne dépasse le rayon de la planète que de sa 720e partie, les monts Leibnitz et Dœrfel
ont une hauteur égale à la 229e partie seulement du
rayon lunaire. C'est relativement plus du triple.

1. Les grandes plaines appelées mers paraissent en général
d'un niveau inférieur à celui des vallées qui s'étendent entre les
cratères et les cirques des régions montagneuses. Leur sol est
d'ailleurs plus uni, de sorte qu'il pourrait servir de niveau commun pour la mesure des hauteurs ; mais nous ne sachions pas
qu'on ait déterminé avec quelque précision la différence de niveau
des deux régions.

IX

TOPOGRAPHIE DE LA LUNE.

Les cratères, les cirques, les chaînes de montagnes.

Voilà donc deux caractères qui distinguent profondément les aspérités du sol de notre Satellite, des
montagnes terrestres. D'une part, cette forme circulaire presque générale ; de l'autre, la hauteur véritablement prodigieuse du plus grand nombre d'entre
elles.

Entrons maintenant dans des détails plus circons-
tanciés, et plus propres, comme on va le voir, à ac-
centuer encore cette différence.

La plupart des montagnes de la Lune, nous l'avons
dit, affectent la forme annulaire, soit que leurs crêtes
s'arrondissent en cirques immenses entourant une
plaine généralement plate, unie, ou tout au plus
hérissée de quelques pics isolés, soit qu'elles ressem-
blent à un cône volcanique, dont la concavité intérieure ou cratère s'arrondit en forme de coupe. Un
très-petit nombre sont en réalité de forme ovale ac-
centuée, les nombreuses ellipses qu'on voit sur les

bords n'étant autre chose que des cercles vus en rac-
courci. Il en existe cependant un certain nombre,
comme on peut s'en assurer par les fig. 21 et 23
(pag. 68 et 80). L'une d'elles, très-régulière, se voit
entre les cirques Abulfeda et Almanon. Deux autres,
le cirque Godin au sud d'Agrippa, et une enceinte cir-
conscrite par des collines peu élevées, entre Triesnecker et Agrippa, offrent aussi nettement la forme
elliptique. Il en est de pareilles dans les autres régions
de la Lune ; mais après tout, c'est le petit nombre.

Les grandes plaines sont limitées par des arcs circulaires, et bordées de montagnes très-élevées, très-
escarpées, que leur développement considérable a fait
regarder comme de véritables chaînes. La Mer des
Crises est celle que sa forme fait ressembler le plus à
un cirque. La Mer de la Sérénité et celle des Pluies
sont arrondies sur une grande partie de leurs contours, affectant ainsi le caractère de tous les accidents du sol lunaire.

Nous venons de parler des chaînes de montagnes.
Il existe en effet, sur la Lune, quelques séries d'élévations qu'on peut assimiler à nos chaînes de montagnes terrestres. Citons les plus importantes.

La plupart se trouvent dans la partie boréale du
disque.

Au sud-ouest de la Mer des Pluies, sur une longueur de 185 lieues, s'élèvent une suite de pics et
d'escarpements qui séparent cette grande plaine de
la Mer des Vapeurs, et dont nous avons cité la hauteur énorme : ce sont les Apennins. Leur direction
générale est du nord-ouest au sud-est. A cette dernière limite commence une autre chaîne qui court de

l'ouest à l'est, et qui, sous le nom de monts Karpathes, n'est autre chose que le prolongement des Apennins. C'est au sud, et à·160 kilomètres environ des
Karpathes, que se trouve le grand cirque rayonnant
de Copernic.

Les monts Caucase et les Alpes limitent, à l'ouest
et au nord-ouest, la Mer des Pluies. La première de

Fig. 22. Chaînes de montagnes lunaires. — Les Apennins.

ces chaînes est formée d'une série de pics isolés, ou
aiguilles, dont quelques-uns s'élèvent à près de
6000 mètres. Les Alpes offrent d'ailleurs une structure analogue.

Les autres chaînes de montagnes lunaires paraissent, la plupart, comme celles que nous venons de
décrire, des portions d'immenses enceintes rappelant

par leur forme générale les cirques des plus petites dimensions. Tels sont les monts Taurus et l'Hémus, qui bordent la Mer de la Sérénité, et dont les sommets les plus élevés atteignent 2750 et 2020 mètres de hauteur. A l'ouest du Taurus se voit un cratère de 42 kilomètres de diamètre, dont les terrasses vont en s'élevant jusqu'à 3535 mètres de hauteur. Il est connu sous le nom de Rœmer. Tels sont encore les monts Altaï et les Pyrénées, qui enveloppent la Mer de Nectar; les Altaï offrent une étendue, du nord au sud et au sud-ouest, de cent lieues environ : c'est la plus grande chaîne lunaire après les Apennins.

Les monts Ourals et Riphées semblent des fragments détachés d'une chaîne jadis plus étendue qui séparait sans doute la Mer des Nuées de l'Océan des Tempêtes, et celui-ci de la Mer des Humeurs.

Sur l'extrême bord oriental de l'hémisphère visible, deux rangées de montagnes ont reçu les noms de Cordillères et de monts d'Alembert, et se prolongent vers le sud par les monts Rook. Leurs sommets se détachent en profil, sur le bord du disque, à des hauteurs qui atteignent 6000 mètres.

Enfin, nous avons déjà cité les hauteurs prodigieuses des deux chaînes qui entourent le pôle austral de la Lune, les monts Leibnitz et Dœrfel.

En résumé, la configuration des montagnes lunaires diffère profondément de celles de notre globe. Tandis que les chaînes terrestres s'étendent le plus souvent en ligne droite ou parallèlement à un grand cercle de la sphère, formant une série de systèmes qui se coupent sous divers angles, et dont chacun correspond à une époque particulière de soulèvement, les montagnes de la Lune sont toutes, ou presque toutes, développées en arcs de cercles, depuis les plus petits cratères et les cirques jusqu'aux grandes circonvallations qui entourent les plaines.

X

TOPOGRAPHIE DE LA LUNE.

Les rainures, les collines.

A l'époque de la pleine Lune, on aperçoit, dans quelques régions du disque, de longs sillons blanchâtres, ordinairement rectilignes, ou du moins n'offrant que de légères courbures, et la plupart si étroits qu'il faut une grande attention, de forts grossissements optiques et des circonstances atmosphériques très-favorables pour les distinguer de tous les autres accidents du sol lunaire. Pendant les phases, ces sillons apparaissent comme des lignes noires.

Ce sont les *rainures*. Les dimensions de ces sillons varient, en longueur, de 5 à 72 lieues kilométriques, et en largeur de 500 à 3000 mètres. Dans toute l'étendue de leur cours, cette largeur varie très-peu, et quand elle augmente, ce n'est jamais à l'une ou à l'autre de leurs extrémités, mais dans un point intermédiaire.

Les faibles dimensions transversales des rainures suffiraient déjà pour les distinguer des bandes lumineuses rayonnantes, dont nous avons déjà dit un mot plus haut et que nous décrirons bientôt plus complétement. Mais il faut noter entre elles une différence tout à fait caractéristique. Tandis que les bandes lumineuses n'offrent aucune saillie ni aucun escarpement, et sont des accidents tout superficiels du sol, les rainures, au contraire, sont formées par des enfoncements dont les bords parallèles sont très-raides, mais sans remparts extérieurs. Cette structure est très-évidente, quand on les observe dans les phases qui suivent ou précèdent la pleine Lune; alors, chacune d'elles apparaît — nous venons de le dire — comme une ligne noire, indiquant l'ombre projetée par les bords sur le fond de la crevasse.

La plupart des rainures se montrent isolées, tantôt courant au milieu des plaines, tantôt passant à côté des cratères, quelquefois même traversant leurs enceintes. Plusieurs sont limitées par des montagnes, mais il en est qui se terminent sans que rien indique un obstacle à leur prolongement.

Elles se rencontrent dans toutes les régions du sol de la Lune, dans les pays de montagnes comme dans les plaines, et si elles sont plus nombreuses vers le centre du disque, cela provient sans doute de la facilité plus grande qu'on a d'apercevoir des objets aussi délicats, quand ils se montrent de face, sans être dissimulés par l'obliquité des rayons visuels.

En plusieurs points, les rainures apparaissent par groupes de lignes parallèles : telles sont, par exemple, les rainures qui s'étendent au nord-ouest de Gutenberg. D'autres, plus rares, s'entrecroisent ou s'unissent comme des veines. Telles sont les rainures qui avoisinent Triesnecker, aux environs du Golfe du Centre. Enfin, parmi les rainures isolées, il en est qui sont tout entières situées à l'intérieur des cirques, comme celle qui traverse la grande vallée circulaire de Petavius, sans aboutir, du reste, à ses remparts. Les cirques Almanon et Abulfeda — voyez la figure 21 — sont reliés par une rainure tangente aux deux enceintes, qui va s'élargissant de l'une à l'autre en traversant une suite de petits et moyens cratères émergés sur les bords des deux cirques.

La forme rectiligne est la plus générale. Cependant, on trouve quelques rainures de formes sinueuses : telle est celle qui s'étend au nord-ouest d'Aristarque. Cette rainure remarquable commence près d'une montagne voisine d'Hérodote, d'abord étroite et peu profonde, puis décrit deux angles aigus, devient plus escarpée et plus large. Aux environs d'Aristarque, elle s'élève brusquement à plus de 1000 mètres au-dessus de la plaine d'alentour; changeant alors de direction, elle s'étend en serpentant, atteint une largeur d'une lieue, se rétrécit considérablement et va se terminer enfin dans le cratère d'Hérodote, où elle pénètre comme par une embouchure fluviale.

La profondeur des rainures est considérable : elle atteint souvent de 400 à 500 mètres.

Telles sont les particularités les plus intéressantes offertes par ces sillons creux, ces sortes de fentes du sol lunaire, dont la forme contraste si complétement avec celle de la plupart des montagnes qui recouvrent notre satellite.

Ce n'est que vers la fin du dernier siècle que les rainures ont été observées pour la première fois, et

c'est à Schrœter, l'un des plus féconds observateurs
modernes, qu'est due leur découverte. Le 5 décem-

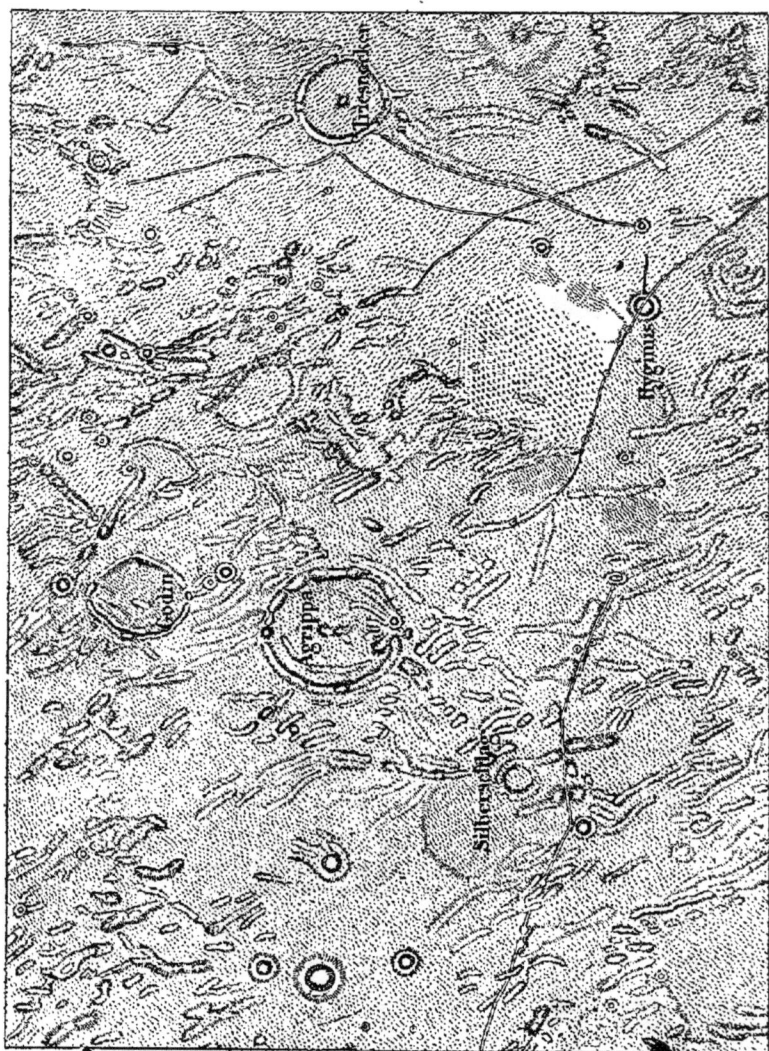

Fig. 23. Rainures d'Hyginus et de Triesnecker.

bre 1788, l'astronome de Lilienthal reconnut la rainure d'Hyginus, l'une des plus curieuses de toutes,

puisqu'elle traverse dix cratères de 2 à 3 kilomètres de largeur et brise les remparts d'Hyginus, le plus considérable de tous, ainsi que l'ont reconnu plus tard Beer et Mædler. On peut voir dans notre dessin la presque totalité de ce remarquable sillon.

D'autres observateurs, Pastorf, Gruithuysen et Lohrman, en découvrirent plusieurs autres; mais ce sont les laborieux auteurs de la *Mappa Selenographica* qui ont observé le plus grand nombre de ces formations singulières. Grâce à eux, on connaît aujourd'hui près de cent rainures répandues dans toutes les régions de l'hémisphère visible.

Mais quelle est l'origine de ces longues et étroites vallées?

Schrœter, qui croyait la Lune habitée, qui soupçonnait une ville vers le nord du cratère Marius, qui revient sans cesse dans ses ouvrages sur les arts, l'industrie, la culture des habitants de la Lune, Schrœter, dis-je, ne pouvait douter de l'origine artificielle des rainures. Suivant lui, ce sont des canaux, creusés par les sélénites pour le besoin de leurs rapports commerciaux.

En rapportant cette opinion, le docteur Gruithuysen, un autre partisan convaincu de l'existence des habitants de la Lune, ne fait aucune difficulté d'admettre l'explication de Schrœter. Mais le docte professeur a pris plus d'une fois les fantaisies de son imagination pour des réalités.

Enfin, l'on a dit que les rainures n'étaient autre chose que les lits des rivières et des fleuves de la Lune.

Ces deux hypothèses sont l'une et l'autre invraisemblables.

Comment supposer en effet que les habitants de la Lune aient pu produire des ouvrages d'art aussi gigantesques? Les canaux de nos pays civilisés, dont plusieurs nous semblent déjà si considérables et demandent tant de temps et d'efforts pour être creusés, ne seraient que des fossés d'enfants comparés aux canaux de la Lune. Larges de plusieurs kilomètres, profonds de plusieurs centaines de mètres, et s'étendant sur des longueurs qui atteignent et dépassent soixante lieues, comprend-on l'impossibilité matérielle de creuser de pareilles tranchées. D'ailleurs, que seraient devenus les matériaux provenant de ces immenses déblais?

Évidemment Schrœter et Gruithuysen n'avaient pas réfléchi à ces difficultés, ou peut-être ne s'étaient-ils pas préoccupé des réelles dimensions que présentent la plupart des rainures.

L'autre explication ne paraît pas plus probable. Nous verrons qu'il est à peu près certain qu'il n'existe pas sur la Lune d'eau ou de liquide analogue. Les rainures ne pourraient donc être que les lits de rivières desséchées, dont l'existence remonterait aux époques primitives. Mais leur forme rectiligne, à une ou deux exceptions près, paraîtrait au moins singulière sur un sol aussi accidenté que celui de la Lune. De plus, il est difficile de concevoir qu'une eau courante ait pu creuser des lits aussi profonds, si prodigieusement supérieurs sous ce rapport aux lits des fleuves terrestres, surtout si l'on songe qu'à la surface de la Lune la pesanteur a six fois moins d'intensité que sur la Terre.

Nous ne pouvons évidemment raisonner que par

analogie, des phénomènes présentés par des corps célestes avec les phénomènes que nous observons sur notre globe. Mais les lois de la matière sont sur la Lune ce qu'elles sont ici-bas, et il nous est tout à fait impossible de concevoir des fleuves dont la plus grande largeur est au milieu de leur cours, qui montent sur les flancs des montagnes, en franchissent les crêtes, et se terminent brusquement à l'une comme à l'autre de leurs extrémités.

Dans plusieurs rainures, la longueur ne dépasse pas dix ou douze fois la largeur, tandis que dans les fleuves terrestres ce rapport est des centaines de fois plus considérable.

Il nous paraît donc tout à fait probable que les rainures ne doivent leur origine ni à des travaux artificiels, ni au mouvement des eaux. Il reste à savoir si les forces naturelles qui ont produit tous les autres accidents du sol lunaire sont susceptibles de rendre compte de ces formations qui diffèrent si complétement des premières par leur structure.

XI

TOPOGRAPHIE DE LA LUNE.

Cratères rayonnants. Bandes lumineuses. Hypothèses diverses sur la nature de ces bandes.

La physionomie des diverses régions du sol lunaire change d'un jour à l'autre, suivant que les rayons du Soleil, tombant plus ou moins obliquement sur la surface, produisent un contraste plus ou moins tranché d'ombres et de lumières. Toutes les aspérités, cirques, cratères ou collines projettent à l'opposé du Soleil, c'est-à-dire du côté oriental du disque [1], des ombres qui vont en diminuant de longueur depuis l'époque du lever de l'astre jusqu'à celle du midi lunaire. Ces ombres passent alors du côté occidental pour reprendre en sens inverse des longueurs croissantes, jusqu'au moment où le Soleil se couche pour les régions considérées. De la nouvelle à la pleine Lune, ce sont les levers de Soleil que nous observons sur notre satellite; pendant le décours, au contraire,

1. Dans notre description de la Lune, l'orientation est toujours rapportée à l'observateur terrestre; pour un habitant de la Lune, les mots *Occident* et *Orient* devraient être renversés.

nous avons le spectacle des couchers de l'astre pour tous les méridiens de l'hémisphère visible.

Mais il est aisé de concevoir que les ombres pro-

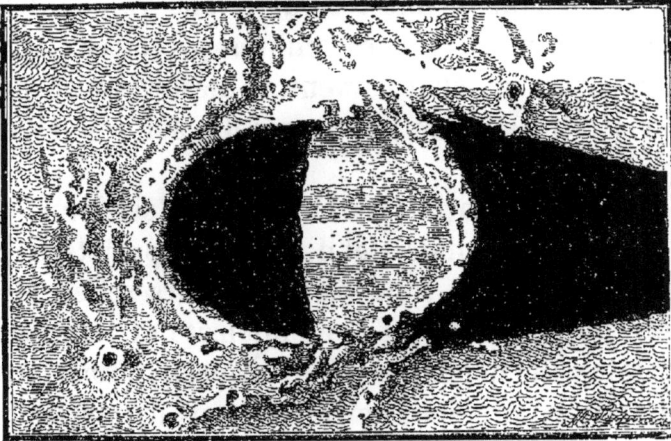

Fig. 24. Cratère lunaire, après le lever du Soleil.

jetées par les montagnes du bord occidental au coucher du Soleil, et par celles du bord oriental à son lever, sont à peu près invisibles, masquées qu'elles se trouvent pour nous, par les versants éclairés. Aux époques opposées, les ombres des régions des bords sont visibles, mais nous ne les voyons que très-obliquement par l'effet de la perspective.

Ce sont surtout les régions centrales, situées de part et d'autre du premier méridien, que l'illumination solaire permet de distinguer avec netteté, surtout lorsqu'elles sont voisines de la ligne de séparation de la lumière et de l'ombre. Tous les cratères et les cirques sont alors nettement dessinés : l'ombre noire envahit d'une part le revers intérieur des cavités, de l'autre le versant extérieur des remparts;

les pitons projettent eux-mêmes au loin leurs ombres
allongées. Du côté opposé, une vive lumière éclaire
les mêmes objets et en rend la forme et tous les contours nettement visibles. Nous avons vu d'ailleurs
que c'est en mesurant les ombres projetées par les
montagnes qu'on était parvenu à mesurer avec précision leurs hauteurs au-dessus du sol qui les entoure.

A l'époque de la pleine Lune, ce n'est plus par
le contraste des lumières et des ombres projetées que
les accidents du sol sont visibles. Leurs reliefs alors
ne sont plus accusés que par l'intensité de leur éclat.
Cette intensité dépend de deux causes : l'une purement optique, provient de l'angle sous lequel les ob-

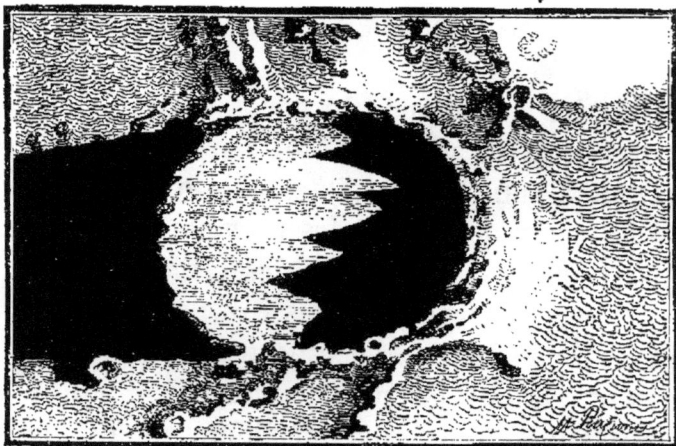

Fig. 25. Cratère lunaire, avant le coucher du Soleil.

jets nous réfléchissent les rayons lumineux, et cet
angle est en rapport avec les inclinaisons mêmes des
diverses faces des montagnes; l'autre cause est inhé-
rente à la nature même des substances qui com-

posent telle ou telle région de la Lune et à la différence de leurs pouvoirs réfléchissants. C'est à cette
dernière cause qu'il faut certainement attribuer les
teintes sombres qui caractérisent les grandes taches
grisâtres des mers ou mieux des plaines, et dont l'aspect contraste si vivement avec le sol des régions
montagneuses. C'est aussi probablement à la même
cause que plusieurs cirques, tels que Platon et Grimaldi, doivent la couleur foncée de leurs cavités;
tandis que d'autres montagnes sont si brillantes qu'elles
ont fait naître l'idée de volcans en ignition : tel est
Aristarque, qu'on aperçoit distinctement pendant les
éclipses ou au sein de la lumière cendrée, un peu
avant le premier quartier.

Parlons maintenant des singulières apparences
connues sous le nom de *bandes lumineuses*. C'est principalement pendant la pleine Lune que ces accidents
du disque lunaire sont visibles.

Les bandes lumineuses se distinguent des taches
en ce que la lumière oblique des rayons solaires les
fait disparaître, ou du moins les rend plus difficiles à
voir, tandis qu'elles brillent de tout leur éclat quand
cette lumière tombe perpendiculairement sur le sol.

La plupart forment des systèmes rayonnants qui
ont pour centres quelques-uns des principaux cratères ou cirques lunaires.

De tous ces systèmes singuliers, le plus considérable est celui qui part de Tycho. Imaginez plus de
cent bandes lumineuses, d'une largeur variable, diver-
geant dans tous les sens au nord et au midi, à l'est et
à l'ouest, comme autant de méridiens tracés autour
de Tycho comme pôle, courant avec la même inten-

sité sur les montagnes et dans les plaines, franchis-
sant les escarpements des cirques, et allant se perdre
à des distances très-variables, mais dont la plus
grande atteint 3000 kilomètres, plus du quart de la
circonférence de la Lune.

Ces rubans de lumière ne sont pas, comme on l'a
remarqué dès l'origine, des contreforts de montagnes; ce ne sont pas non plus de longues vallées.
Dans l'un et l'autre cas en effet, leurs bords projette-
raient des ombres tantôt d'un côté, tantôt de l'autre,
suivant l'incidence des rayons du Soleil. Or, elles sont
toujours également brillantes dans toute leur largeur, qui atteint jusqu'à 20 ou 30 kilomètres.

Plusieurs savants ont dit que le système rayonnant
de Tycho n'était visible qu'aux environs de la pleine
Lune : c'est une erreur. J'ai sous les yeux les charmantes photographies obtenues par M. Warren de la
Rue à toutes les époques de la lunaison. Eh bien, il
est aisé d'y distinguer les bandes lumineuses, du
moins les plus brillantes, depuis le premier jusqu'au
dernier quartier de la Lune. Mais il est vrai que c'est
à l'époque de la pleine Lune qu'on les voit se dessiner
avec le plus de netteté et d'éclat.

Tycho est la seule montagne rayonnante de l'hémisphère austral; mais c'est en revanche, je le répète,
le plus remarquable de ces systèmes.

Dans l'hémisphère boréal, les montagnes rayonnantes sont nombreuses : Copernic, Aristarque et
Képler, toutes trois situées au milieu ou sur les bords
de l'Océan des Tempêtes, sont parmi les plus brillantes. Les bandes lumineuses qui partent de chacun de
ces cratères, non-seulement sont moins longues que

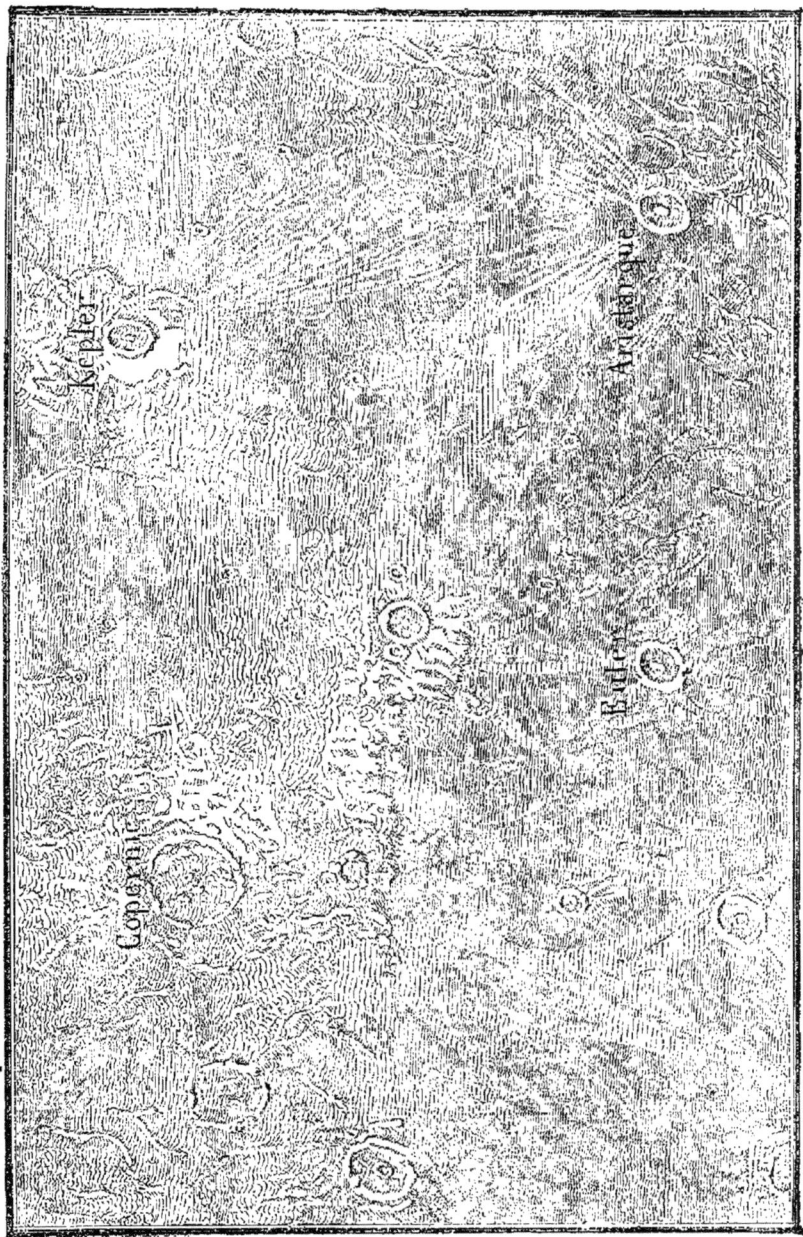

Fig. 26. Bandes lumineuses de Copernic, d'Aristarque et de Kepler.

celles de Tycho, mais aussi elles sont moins régulière-
ment distribuées : celles d'Aristarque, par exemple
ne rayonnent que du sud-ouest au sud-est ; elles
manquent sur toute la périphérie boréale du cratère.
En revanche, les trois systèmes rayonnants semblent
être en connexion les uns avec les autres, et plusieurs
de leurs bandes vont se rejoindre, ce qui tient peut-
être simplement à leur proximité.

Comme les bandes de Tycho, celles de Képler, de
Copernic et d'Aristarque, sont visibles, même après
la pleine Lune.

Euler, Mayer, Timocharis, Ératosthène sont encore
autant de montagnes rayonnantes situées, comme les
trois précédentes, dans la partie orientale de l'hémisphère boréal ; mais leurs bandes atteignent de moindres longueurs.

La partie occidentale du même hémisphère contient encore Proclus, à l'est de la Mer des Crises,
Cassini et enfin Aristille et Autolycus, trois cratères
situés à peu de distance les uns des autres, dans les Marais de la Putréfaction et des Brouillards. Les bandes
rayonnantes de ces dernières montagnes se rejoignent
comme celles de Képler et de Copernic. Il ne faut
pas, du reste, confondre ces rubans lumineux avec
les talus qui partent des remparts d'Aristille et d'Autolycus, et qu'on a comparés à des déjections volcaniques, à des courants de laves.

Outre ces systèmes rayonnants, ayant chacun pour
centre une montagne annulaire, on aperçoit encore
sur le disque de la Lune des bandes lumineuses qui
paraissent isolées et ne se rattachent à aucun système
visible. Les environs de Copernic en offrent quelques-

unes dont la direction n'est pas celle d'un rayon du
cratère central. Une autre traverse la Mer de Sérénité de part en part, du sud au nord. Partant du
cratère escarpé de Ménélas, elle court en ligne droite
sur le sol uni des plaines d'alentour, traverse le cratère Bessel et va se perdre près du Lac des Songes.
Bien que Ménélas soit le centre de quelques bandes
rayonnantes, celle dont nous parlons ne paraît pas
appartenir à son système ; M. Webb l'a considérée
avec beaucoup de raison comme la prolongation
d'une des bandes de Tycho, de celle que nous avons
vue s'étendre à une distance de 750 lieues à partir du
centre d'où elle émane.

Quelle est la nature de ces singulières apparences,
quelle est l'origine de ces systèmes ? C'est là un problème très-intéressant, mais difficile à résoudre.
Nous venons de dire qu'il était impossible de les confondre avec les sillons blanchâtres des collines lunaires, puisque celles-ci, formant saillie sur le sol,
projettent, quand l'incidence des rayons solaires
est convenable, des ombres de chaque côté. On a
cru que les bandes étaient produites par des courants
de laves, dont les traces brillantes auraient em-
preint les parties de la surface qu'ils eussent par-
courues. Mais alors comment expliquer leur prodigieuses longueurs? Comment rendre compte de leur
marche par-dessus les cratères les plus élevés ?

Les bandes lumineuses , a-t-on dit encore, sont
formées de matières blanches et cristallines, douées
d'un grand pouvoir réflecteur, et émergées du sol
de la Lune à travers les fissures du sol, disloqué par
les éruptions volcaniques. Cette hypothèse est sujette

à de fortes objections et ne paraît pas plus probable que les précédentes. D'après M. Babinet, c'est
uniquement à la structure de la surface qu'il faudrait
attribuer ces mystérieuses apparences, qui provien-
draient de la réflexion de la lumière solaire sur les
facettes du sol, phénomène lumineux analogue à celui
que présentent certaines géodes cristallines.

Enfin, un observateur éminent, M. Chacornac a
émis une théorie qui se rattache à tout un système
de géologie lunaire : nous l'exposerons bientôt en dé-
veloppant les idées de ce savant sur les périodes de
formation du sol de la Lune.

XII

HÉMISPHÈRE INVISIBLE DE LA LUNE.

Existe-t-il une différence de constitution physique entre les deux hémisphères, visible et invisible ?

La Lune tourne toujours la même face à la Terre. En a-t-il été, en sera-t-il toujours ainsi ? Arago, qui se pose la même question dans l'*Astronomie populaire*, cite à l'appui de l'affirmative quelques vers d'un poëte ancien, rapportés par Plutarque, dont le sens fort vague est loin, selon nous, de rien prouver. Qu'Agésianax et ses contemporains aient vu, dans le disque couvert de taches sombres et brillantes une figure humaine, comme croit le voir encore le peuple de notre époque, c'est là un bien faible témoignage en faveur de la constance du fait en question.

Les observations modernes et surtout la théorie sont plus convaincantes. Laplace a montré que « la cause qui a établi une parfaite égalité entre les moyens mouvements de rotation et de révolution de la Lune, ôte pour jamais aux habitants de la Terre l'espoir de découvrir les parties de la surface opposée à l'hémisphère qu'elle nous présente. L'attraction terrestre, en ramenant sans cesse vers nous le grand axe de la Lune, fait participer son mouvement de rotation aux inégalités séculaires de son mouvement de révolution, et dirige constamment le même hémisphère vers la Terre. »

Ainsi, voilà notre curiosité à jamais bornée, et l'imagination des faiseurs d'hypothèses fort à l'aise , du moins en apparence. Que les anciens aient supposé le côté invisible de la Lune de forme concave, ou encore à demi transparent, il n'y a pas lieu de s'en étonner beaucoup de la part de gens dont les connaissances en astronomie physique étaient presque nulles. Mais ce qui paraîtra plus bizarre, c'est que des modernes se soient imaginé que l'hémisphère opposé à la Terre possède l'eau, l'air, les habitants dont manque l'hémisphère tourné vers nous, et que celui-ci ait seul le privilége ou le désavantage, comme on voudra, d'être hérissé d'aspérités abruptes et rocailleuses.

Il serait difficile de réfuter des assertions aussi dénuées de vraisemblance , qui d'ailleurs sont purement gratuites , si des observations positives n'en étaient la condamnation formelle. Lorsqu'on dit, en effet, que la Lune tourne toujours la même face à la Terre, cela n'est pas rigoureusement exact, et voici pourquoi :

La révolution de la Lune autour de la Terre s'effectue avec une vitesse variable, tandis que son mouvement de rotation est uniforme. Il résulte de ce défaut de concordance entre les deux mouvements, que la Terre se trouve tantôt à l'orient, tantôt à l'occident du point de l'espace opposé au même point de la surface de la Lune, considéré comme centre de l'hémisphère visible. Nous découvrons ainsi, soit à l'est soit à l'ouest, des régions du bord qui sans cette circonstance nous seraient restées cachées.

En outre, l'inclinaison du plan de l'orbite lunaire, jointe à celle de son équateur sur le plan de l'orbite terrestre, fait que la Lune nous présente tantôt le pôle nord, tantôt le pôle sud de son globe, et découvre ainsi une certaine partie de ses régions polaires.

De ces deux librations, c'est le nom donné à ces mouvements, il résulte déjà que sur 1000 parties de la surface de la Lune, 569, c'est-à-dire plus de la moitié, seraient visibles pour un observateur placé au centre de la Terre, tandis que 431 seulement lui resteraient inconnues.

Mais ce n'est pas du centre de notre globe que nous observons la Lune, c'est de tous les points de sa surface les plus éloignés les uns des autres ; et comme les dimensions de la Terre sont très-appréciables, si on les compare à sa distance à la Lune, il en résulte que deux observateurs, postés en des points différents du sphéroïde terrestre, ne voient pas le centre du disque lunaire au même endroit de la surface, ou ce qui revient au même, aperçoivent des parties différentes sur ses bords. Cela augmente encore les dimensions de la partie de la Lune qui nous est accessible, de sorte que, tout compte fait, sur 1000 parties 424 seulement restent définitivement et absolument cachées, 576 sont visibles pour nous. Sur les 38 millions de kilomètres carrés dont nous avons vu que se compose la surface totale de notre satellite, c'est donc près de 22 millions qu'il nous est permis d'observer.

De l'est à l'ouest, la partie de la Lune à jamais inconnue pour la Terre embrasse 1118 lieues ; du nord au sud, 1135 lieues ; de la latitude boréale de 40° à la même latitude australe, 1083 lieues. Tandis que les mêmes dimensions, calculées pour la surface visible, sont respectivement de 1333, de 1317 et de 1367 lieues (Beer et Mœdler).

Toute une zone, assez large d'ailleurs, de la moitié de la Lune qui est l'opposé de la Terre, est donc accessible aux yeux de l'homme.

Or, « les observations ne nous ont fait apercevoir — ce sont les deux plus laborieux explorateurs de la Lune qui parlent — aucune différence essentielle entre les contrées qui forment la septième partie de la surface lunaire cachée à nos regards et celles que nous connaissons : on y trouve les mêmes pays de montagnes et les mêmes *mares* (les plaines appelées *mers*). Au delà du pôle nord, on aperçoit quelques grandes vallées circulaires, séparées par des chaînes de montagnes d'une hauteur moyenne, et des plaines unies d'une étendue moins considérable, analogues à celles que nous apercevons dans les régions arctiques en deçà du pôle nord. Au nord-ouest, la *Mer d'Humboldt*, dont les hautes montagnes environnantes peuvent être encore assez bien aperçues, s'étend jusque dans l'hémisphère qui nous est invisible ; il en est de même de quelques parties de l'*Océan des Tempêtes* à l'est, de la *Mer australe* au sud-ouest, et de la grande surface *Kæstner* qui se rapproche en étendue des plus petites mers, à l'ouest.... Presque directement à l'est, s'élèvent les hauts sommets des monts d'*Alembert*, semblables à ceux moins élevés des *Cordillères* sur l'hémisphère qui se présente à nous. Au pôle sud enfin, on aperçoit également des deux côtés un entassement de hauteurs colossales et de profondeurs énormes; les grandes inégalités du bord lunaire qui apparaissent dans cette partie appartiennent pour la plupart à l'hémisphère qui nous est caché. (Beer et Mædler) »

Ainsi, rien n'autorise à considérer l'hémisphère de la Lune opposé à l'hémisphère moyen, visible de la Terre, comme ayant une configuration différente de ce dernier : c'est là un fait qui doit atténuer nos regrets d'être à jamais condamnés à ne voir qu'une partie de la surface entière de notre satellite. Les régions visibles sont d'ailleurs assez remarquables par la variété de leur configuration pour offrir un vaste champ aux études de géologie et de topographie lunaires. C'est à pénétrer les causes, à découvrir l'origine des formations des accidents du sol de la Lune, que doivent tendre tous ceux qui ne bornent pas leur curiosité à la constatation pure et simple des faits, et pour qui connaître signifie savoir les lois ou les raisons des choses. Or, à ce point de vue, je le répète, l'hémisphère visible de la Lune offre amplement matière aux investigations des vrais savants.

CHAPITRE III.

GÉOLOGIE DE LA LUNE.

XIII

CONSTITUTION VOLCANIQUE DU SOL LUNAIRE.

Origine ignée des montagnes de la Lune. — Périodes
de formation.

Les montagnes de la Lune sont d'origine volcanique.

C'est là un fait capital qui ressort directement de
la forme arrondie, annulaire des grandes vallées, des
cirques et de toutes les cavités plus petites, auxquelles on a donné, nous l'avons vu, le nom de cratères.

Depuis longtemps, tous les astronomes s'accordent
à considérer les formations du sol lunaire comme
dues à une réaction des forces internes contre l'é-
corce extérieure du globe. Robert Hooke « attribua
ces phénomènes à l'effet de feux souterrains, à l'irruption de vapeurs élastiques, ou même à un bouil-

lonnement dégageant des bulles qui viennent crever
à la surface. Des expériences faites avec des boues
calcaires en ébullition lui parurent confirmer ses
vues; et dès lors on compara les circonvallations et
leurs montagnes centrales aux formes de l'Etna, du
pic de Ténériffe, de l'Hécla et des volcans de Mexico. »
(Humboldt.)

Sir John Herschel n'est pas moins affirmatif à cet
égard : « Les montagnes lunaires, dit-il, offrent au
plus haut degré le vrai caractère volcanique, tel que
le présentent le cratère du Vésuve et les districts volcaniques des Champs phlégréens ou du Puy-de-
Dôme. » (*Outlines of Astronomy.*)

Mais, si l'origine ignée paraît la seule vraisemblable pour toutes les aspérités montagneuses et cratériformes, ce n'est pas à dire qu'elles soient uniquement
le produit d'éruptions volcaniques dans le sens res-
treint du mot. La Lune a été primitivement, comme
la Terre, un globe fluide, à la surface duquel le refroidissement, dû au rayonnement calorifique, a déterminé la formation d'une écorce solide. C'est cette
écorce qui a été le siége des phénomènes subséquents
dont les traces subsistent aujourd'hui sous la forme
d'aspérités de dimensions très-différentes ; et les causes de cette série de productions sont, sans aucun
doute, les forces expansives des gaz et des vapeurs
que la haute température du noyau développait incessamment.

A l'origine, l'écorce solide de la Lune, moins
épaisse, était, par cela même, moins résistante ; et
comme elle n'avait point encore été bouleversée par
des secousses antérieures, elle devait présenter en

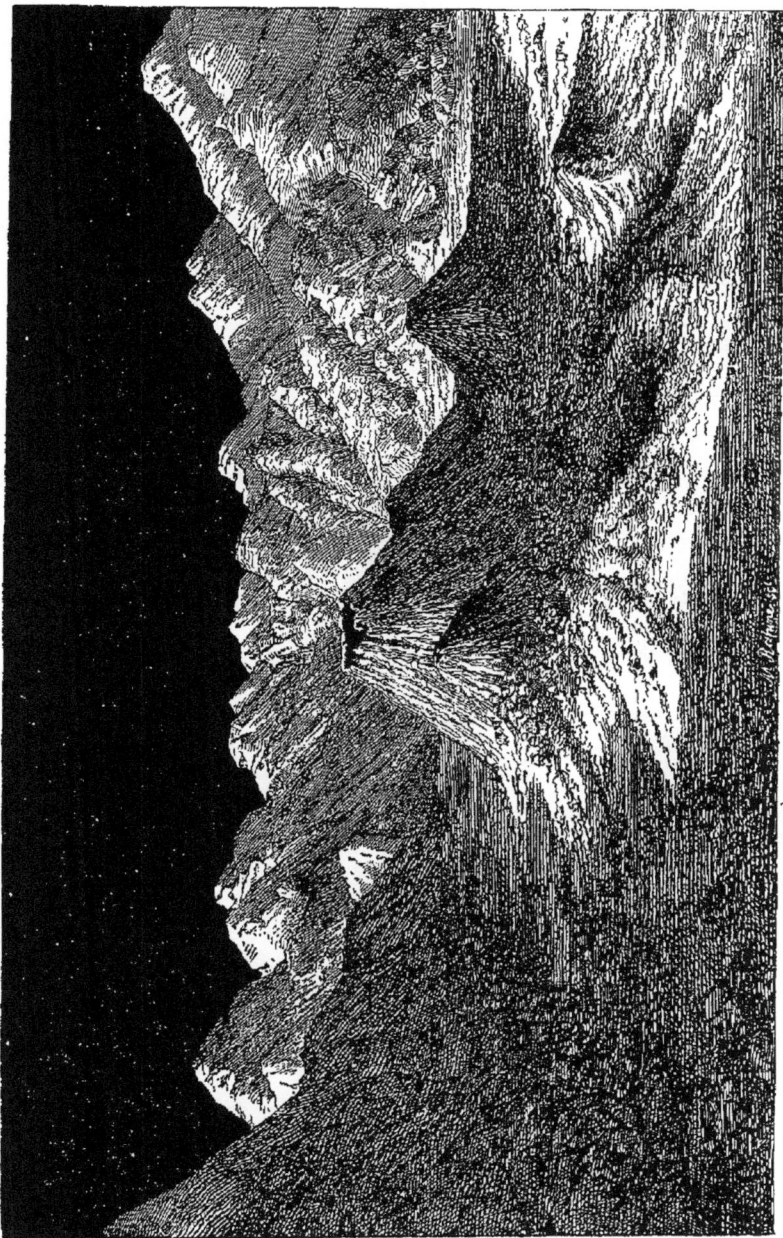

Fig. 27. Vue intérieure d'un cirque, d'après un dessin de M. Nasmyth.

tous ses points à peu près la même homogénéité et la même épaisseur. La force expansive des gaz agissant alors perpendiculairement aux couches superficielles et suivant les lignes de moindre résistance, dut briser l'enveloppe et produire des soulèvements de forme circulaire. C'est sans doute à cette période qu'il faut rapporter la formation des immenses circonvallations dont l'intérieur est aujourd'hui occupé par les plaines appelées mers. Nous avons déjà fait ressortir la forme circulaire de la Mer des Crises et de celles de la Sérénité, des Pluies et des Humeurs. Leurs enceintes, à demi ruinées par des révolutions postérieures, forment encore aujourd'hui les plus longues suites d'aspérités du sol lunaire, les chaînes de montagnes des Karpathes, des Apennins, du Caucase et des Alpes, les monts Hémus et Taurus.

Puis vinrent de nouveaux soulèvements, mais qui, survenus à une époque où la croûte du globe lunaire avait acquis une plus grande épaisseur, ou encore provenant de forces élastiques moins considérables, donnèrent lieu aux plus grands cirques, déjà bien inférieurs en dimensions aux formations primitives. Tels paraissent être les cirques de Shickardt, de Grimaldi, de Clavius.

Apparurent ensuite une foule de cirques de dimensions moyennes, dont les enceintes couvrirent le sol tout entier de la Lune, et qui apparurent au sein même des circonvallations primitives. On comprend aisément la raison de la diminution successive des dimensions des montagnes annulaires, cratères et cirques. Chaque cirque est dû, comme nous l'avons dit, à un soulèvement en bulle, en vessie, dont l'affaissement a produit à l'intérieur une cavité de forme elliptique et sur les bords une ou plusieurs enceintes sous forme de remparts. Or, les dimensions de ces boursouflements durent être en rapport et avec l'intensité de la force interne qui les produisait, et avec la résistance de la croûte solide, ou plutôt pâteuse, du globe lunaire. Il est probable que ces deux causes ont concouru pour produire les effets signalés plus haut, de sorte qu'en général ce sont les plus grandes circonvallations, les plus grands cirques ou cratères qui furent formés les premiers.

Mais c'est le moment de faire une distinction entre les deux natures de sol qui caractérisent la surface de notre satellite. Le premier constitue ce qu'on a nommé dès le début le sol continental ; c'est celui des régions montagneuses qui recouvrent presque toute la partie australe de l'hémisphère visible. « Sa structure poreuse, dit un observateur bien familiarisé avec les études sélénologiques, M. Chacornac[1], son grand pouvoir réflecteur et surtout son élévation au-dessus des plaines, l'ont fait distinguer nettement du sol nivelé, dont la couleur sombre, la surface lisse, lui donnent toutes les apparences des plaines d'alluvion, suivant l'expression de sir J. Herschel. »

Les Mers de la Lune sont-elles, en effet, des plaines d'alluvion? Non, pas précisément dans le sens terrestre de ce mot. L'astronome que nous venons de citer récuse en effet cette expression comme impropre. Mais il s'appuie sur de nombreux et très-intéressants phénomènes pour admettre qu'à la période primitive

1. *Note sur les apparences de la surface lunaire.*

où les plus grandes circonvallations ont apparu, a
succédé une sorte de diluvium général ou d'épanchement boueux. « Cet épanchement aurait enseveli sous
une masse brune plus des deux tiers de la surface vi-

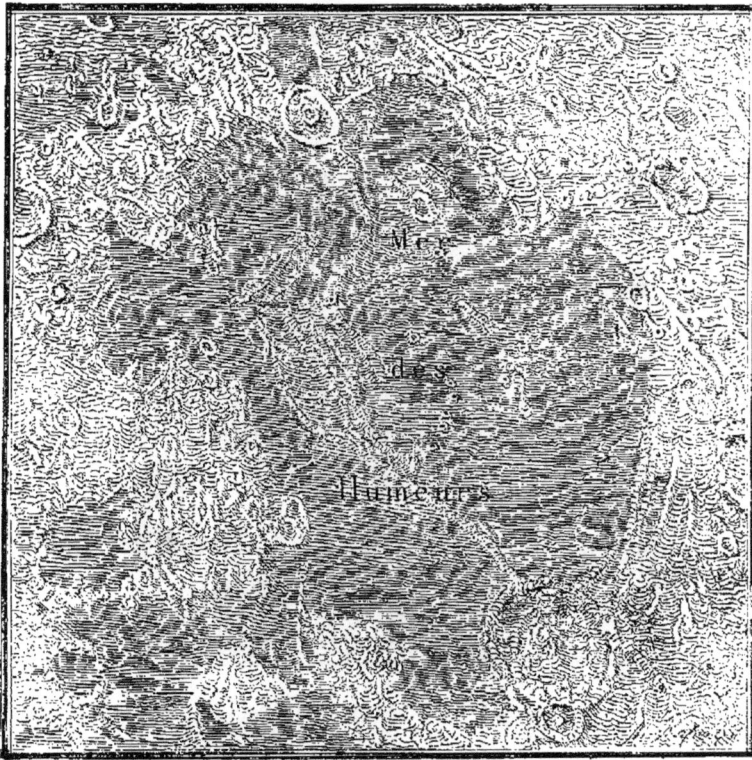

Fig. 28. Différence de structure des plaines lunaires et des régions
montagneuses. La Mer des Humeurs.

sible de la Lune, le fond de tous les grands cratères,
en s'étalant d'une extrémité à l'autre, sensiblement
sur un même niveau. »

En effet, parmi les cratères innombrables dont les
cavités criblent la surface du sol lunaire, les uns pré-

sentent, à l'intérieur, une excavation de forme régu-
lièrement conique, ou plutôt elliptique, parfaitement
évidée, et dont les bords ou remparts sont intacts.
D'autres, au contraire, ont leurs enceintes ébréchées,
et le fond de la cavité est plat et de niveau avec le sol
des vallées environnantes. C'est surtout sur le rivage
des mers que se rencontrent ces cratères en partie
démolis et dont il paraît évident que la cavité a été

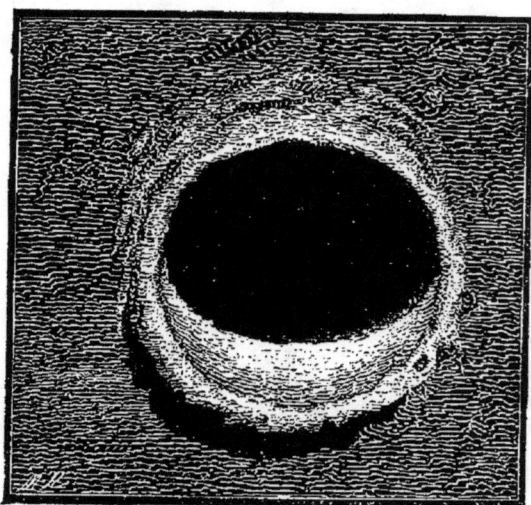

Fig. 20. Cirque à fond elliptique, en forme de coupe.

remplie par l'épanchement que signale M. Chacornac.
« La configuration de ces rivages présente de vastes
baies semi-circulaires, dont l'entrée est en partie
obstruée par les débris de l'enceinte ruinée, précisément dans la direction du large, comme cela a lieu
du reste pour le fond du cratère de l'île Saint-Paul
(Océan Indien), envahi de nos jours par les eaux de
l'Océan. » Le Golfe des Iris, sur le bord de la Mer des

Pluies, est un des exemples les plus remarquables de cet envahissement. Mais on peut en citer beaucoup d'autres, parmi lesquels nous nommerons au hasard, Hippalus et Doppel Mayer, dans la Mer des Humeurs; Davy et Bonpland, dans celle des Nuées; Fracastor, sur le rivage austral de la Mer de Nectar. Plusieurs des cratères qui se sont soulevés à l'intérieur même des plaines paraissent en partie couverts par la même irruption de matières liquides; M. Chacornac cite les cirques Kiès et Lubiniczky comme des types curieux

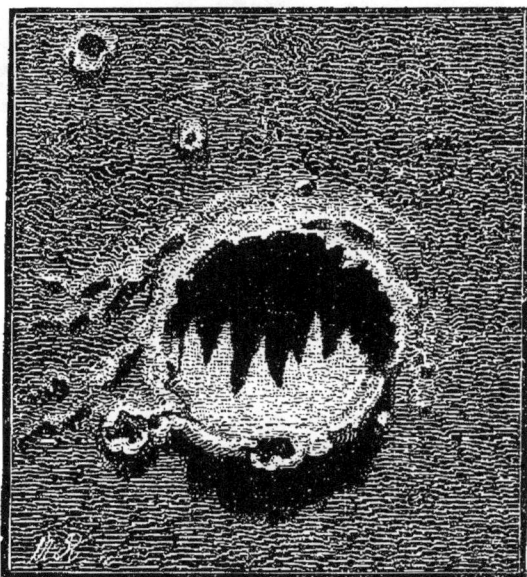

Fig. 30. Cirque lunaire a fond plat.

de cette formation. « Chacun d'eux présente des remparts de quarante-cinq lieues environ de développement, s'élevant à pic, au sein d'un immense désert, jusqu'à deux ou trois cents mètres de hauteur. »

D'autres cirques paraissent enfouis presque entièrement, et l'on ne voit plus que de faibles vestiges de
leurs enceintes. Nous citerons un cirque immense,
voisin du cratère Flamsteed, qui s'est élevé depuis
sur les bords de l'enceinte primitive.

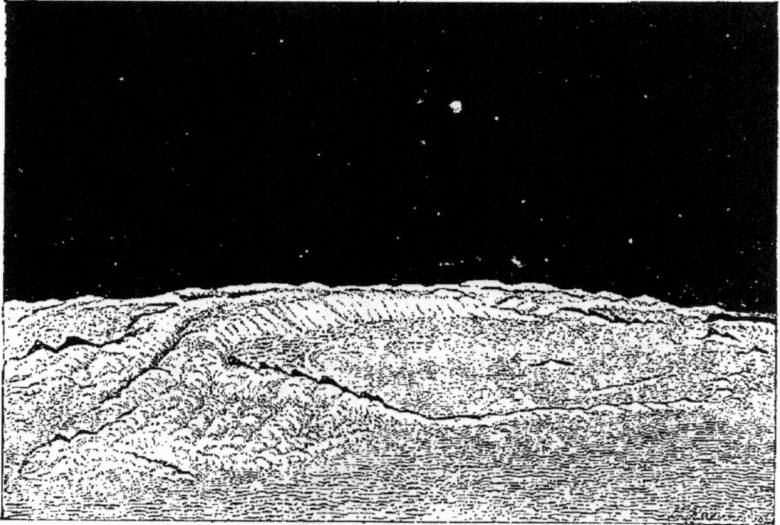

Fig. 31. Cratère enseveli sur les rives de l'Océan des Tempêtes,
d'après un dessin de M. Chacornac.

D'après ces vues, auxquelles les faits observés donnent un grand degré de vraisemblance, on voit que
la différence d'aspect du sol des montagnes et du sol
des plaines est due à une différence d'origine. On
s'explique alors « l'apparence raboteuse, rugueuse,
accidentée d'aspérités, de boursouflures scoriformes
qui donnent au sol continental l'aspect du mâche-
fer. » On comprend le contraste que présente « l'apparence lisse des surfaces dites maritimes, sembla-

bles à du plâtre coulé, ou mieux encore à une
immense plaine de boue desséchée. »

Maintenant, à quelle crise attribuer l'apparition de
ce diluvium? Il est difficile de répondre à cette question, dont la solution exigerait que l'on connût parfaitement les états antérieurs par lesquels a passé notre satellite. Le savant observateur, à qui nous avons
emprunté les rapprochements si curieux qui précèdent, attribue l'origine des épanchements boueux à la
précipitation des gaz non permanents qui constituaient
autrefois l'atmosphère lunaire. « On comprend en
effet, dit-il, que, notre satellite étant parvenu à un
certain degré de refroidissement, la pression atmosphérique favorisât la précipitation des gaz et des vapeurs qui se répandirent sous forme de pluie sur tous
les points de la surface, et comblèrent ainsi les grands
cratères formés de toutes parts, tandis que ceux de
l'époque postérieure à la consolidation de ces fluides
sont complétement à l'abri de tout dépôt sédimentaire »

XIV

CONSTITUTION VOLCANIQUE DU SOL LUNAIRE.

Les volcans lunaires comparés aux volcans terrestres.

Il y a, comme on le voit, entre les volcans de la
Lune et les volcans terrestres, en même temps que
certaines analogies, des différences faciles à saisir.

Le côté commun, ou de ressemblance, consiste
principalement dans l'origine ignée ou plutonienne,
comme disent les géologues. Mais il est probable que
les phénomènes qui ont été, sur le globe lunaire, la
conséquence des actions intérieures, ne se sont pas,
en général, passés de la même façon que les phénomènes éruptifs terrestres. On peut assigner à cette
différence des raisons de plusieurs ordres. D'abord,
les substances composant la masse de notre satellite
sont sans doute tout autres que celles qui forment le
noyau de la Terre : tout au moins, comme on le sait
avec certitude, leurs densités moyennes diffèrent
beaucoup. La pesanteur, à la surface, étant, sur la
Lune, six fois moindre que la pesanteur à la surface
de notre globe, on comprend combien ce seul élé-

ment est susceptible de modifier les effets dus aux actions souterraines. Enfin l'absence, ou du moins l'extrême rareté de l'atmosphère lunaire, comparée à l'enveloppe considérable qui entourait la Terre à l'origine s'ajoute encore aux causes que nous venons d'énumérer pour rendre compte des différences es-

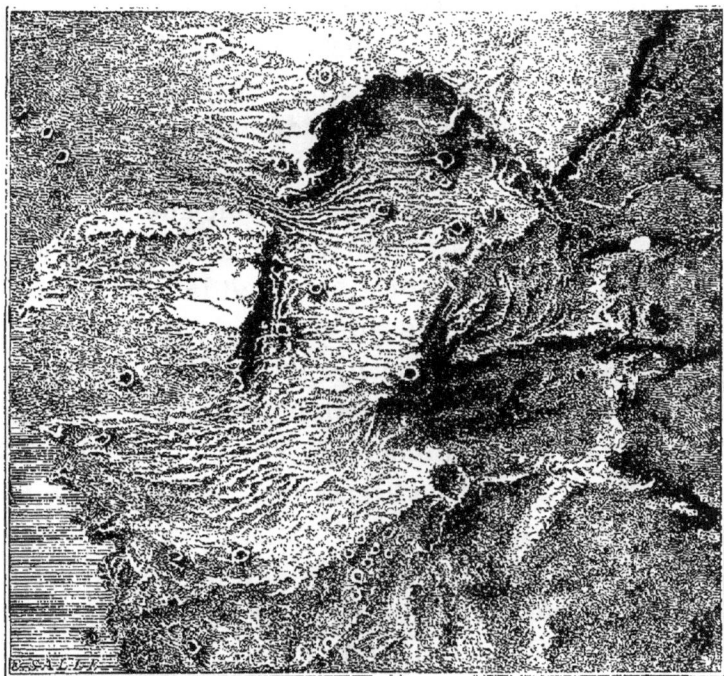

Fig. 32. Le pic de Ténériffe et ses environs ; détails topographiques, d'après Piazzi Smyth.

sentielles que présentent les phénomènes éruptifs des deux globes.

Les cônes d'éruption des volcans terrestres s'élèvent le plus souvent à une grande hauteur au-dessus du sol des plaines ambiantes, tandis que le cratère proprement dit offre une profondeur beaucoup moindre.

Ce cratère doit être plutôt considéré comme l'orifice évasé d'une cheminée étroite qui communique profondément avec les couches internes du globe. Sur la Lune, il en est tout autrement : c'est la cavité intérieure qui est la plus profonde, et les flancs de l'enceinte sont moins élevés par rapport au niveau du sol extérieur, de sorte que la montagne paraît plutôt formée par l'affaissement d'une bulle primitive que par une éruption volcanique proprement dite.

Peut-être, parmi les cratères de petites dimensions, dont la profondeur ne permet pas de voir le niveau interne, en est-il qui sont tout à fait analogues aux cratères des volcans terrestres. On a vu que ce sont en général ceux dont l'origine paraît la plus récente.

Enfin, il est possible aussi que la différence de structure que l'on remarque entre le sol lunaire et le sol continental de notre globe, tienne à ce qu'aucune formation véritablement sédimentaire n'est venue détruire, effacer les traces des formations plutoniennes. C'est l'opinion de Humboldt : « On peut se figurer notre satellite, dit-il, à peu près tel que dut être la Terre dans son état primitif, avant d'être couverte de couches sédimentaires riches en coquilles, de graviers et de terrains de transport, dus à l'action continue des marées ou des courants. A peine peut-on admettre qu'il existe dans la Lune quelques couches légères de conglomérats et de détritus formés par le frottement. Dans nos chaînes de montagnes, soulevées au-dessus des crevasses dont le sol terrestre est sillonné, on commence à reconnaître, çà et là, des groupes partiels d'éminences qui représentent des espèces de bassins ovales. Combien la Terre ne nous paraîtrait-elle pas différente d'elle-même, si nous la voyions dépouillée des formations tertiaires et sédimentaires, ainsi que des terrains de transport! »

L'enceinte montagneuse de la Bohême, d'une

Fig. 33. Relief topographique de l'île Bourbon (La Réunion), d'après L. Maillard.

forme moins régulière, il est vrai, que les grands cirques de la Lune, les rappelle néanmoins, et par forme et par les dimensions.

Nous avons vu qu'un assez grand nombre des cirques et des cavités des cratères lunaires renfer-

ment à leur intérieur des montagnes isolées en forme
de pics ou de pyramides. Il en est même où l'on
observe plusieurs sommets de ce genre : ainsi, l'enceinte de Copernic présente six montagnes centrales.
Circonstance singulière, aucune de ces aspérités n'atteint en hauteur les bords de l'enceinte; la plupart
même sont à un niveau inférieur à celui de la surface
lunaire d'où le cratère est sorti. D'après Mædler et
Jules Schmidt, un grand nombre de montagnes centrales ont une altitude inférieure de 2000 mètres au
bord moyen du rempart circulaire, et qui est encore de
200 mètres au-dessous du niveau moyen du sol dans
cette partie de la Lune. Humboldt, en citant ces faits,
rapporte l'opinion de Léopold de Buch, qui ne regarde pas ces masses comme produites par l'éruption
volcanique, et les assimile «aux grands dômes trachy-
tiques, fermés au sommet, qui sont répandus en si
grand nombre à la surface de la Terre, tels que ceux
du Puy-de-Dôme et du Chimborazo. »
Une disposition très-fréquente des montagnes lunaires consiste dans l'existence de cratères para-
sites formés postérieurement aux cirques et cratères
principaux, le plus souvent sur les bords de leurs
enceintes. On peut en voir un grand nombre dans le
dessin que nous donnons des environs de Tycho,
d'après la photographie de M. Warren de la Rue. Le
grand cirque de forme elliptique, Maginus, situé au
sud-est de Tycho est remarquable sous ce rapport.
Les bords de ces cratères secondaires empiètent
même souvent les uns sur les autres; et il en résulte
des séries de déformations qui permettent aisément
de les ranger par ordre d'ancienneté. Or, en opérant

TYCHO

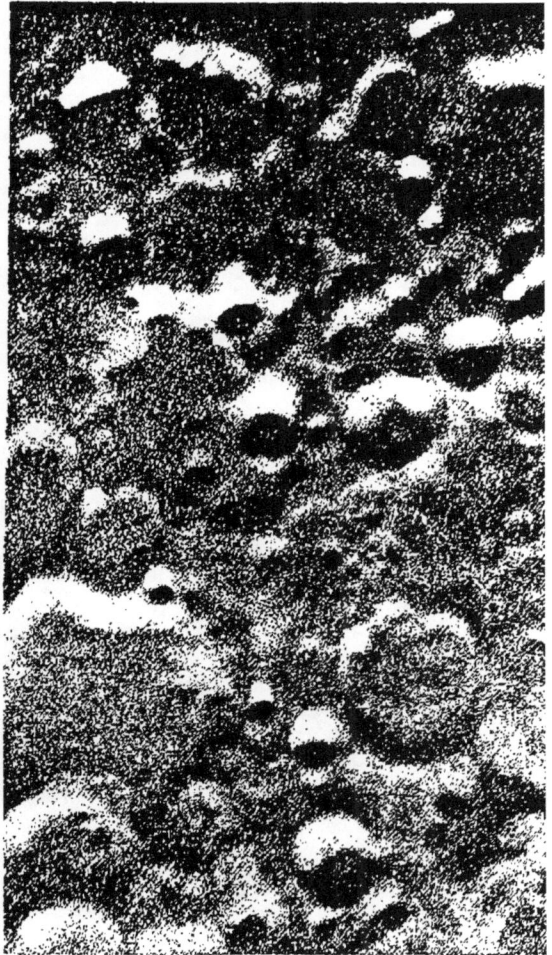

ST

LES MONTAGNES DE LA LUNE,

Fac-simile d'une Photographie de M. ' n de la Rue (96 centim. de diamètre)

cette classification par âges successifs, on retrouve la loi que nous avons énoncée plus haut, d'après laquelle les plus petits cratères sont presque toujours les plus récents.

Il nous reste maintenant, pour terminer cette étude des formations successives du sol lunaire, à dire ce qu'on sait ou plutôt quelles conjectures on a formées sur l'origine des accidents décrits plus haut, sous les noms de *bandes lumineuses*, de *cratères rayonnants* et de *rainures*.

XV

CONSTITUTION VOLCANIQUE DU SOL LUNAIRE.

Cratères rayonnants et bandes lumineuses. Les rainures.
Explication des bandes lumineuses par la projection des
gaz dans le vide. Hypothèse de M. Chacornac.

Si la formation des montagnes annulaires de la
Lune est due aux forces élastiques agissant perpendiculairement à l'écorce en partie solidifiée de son
globe, si la régularité de leurs contours circulaires
témoigne de l'homogénéité des masses résistantes,
peut-on assigner la même origine aux nombreuses
collines qui sillonnent dans tous les sens les inter-
valles des cratères et des cirques? Il nous semble que
ces élévations secondaires peuvent être expliquées de
deux manières différentes, également probables, et
peut-être toutes deux vraies.

Lorsque, à l'origine, le sol de la Lune avait encore
une consistance semi-fluide ou pâteuse, le refroidissement dut produire des retraits de l'écorce extérieure, par conséquent des plissements du sol qui
subsistèrent après la consolidation définitive, et don-

nèrent lieu à de nombreuses collines, dont le plus
grand nombre affectent des directions parallèles.
Pour celles-là, il est inutile d'invoquer l'action des
forces centrales.

Il en est aussi qui paraissent dater de l'époque où
se sont formés les cratères qu'elles avoisinent, et il
est probable, en effet, qu'elles ne sont autre chose
que le résultat des modifications apportées au sol am-
biant par l'éruption centrale et par l'affaissement des
bulles volcaniques.

Enfin, indépendamment de ces deux genres de formations, on peut encore distinguer celles qui proviennent des forces internes agissant sur l'enveloppe,
mais qui, rencontrant des masses inégalement résistantes, et non homogènes, ont dû se disséminer dans
des directions latérales et produire, soit des cratères
allongés, soit des collines, soit enfin des fentes lon-
gitudinales pareilles aux rainures. C'est en effet à ce
genre d'action que Beer et Mædler attribuent les fissures connues sous cette dernière dénomination :

« On doit se représenter, disent-ils, les rainures
comme les effets résultants de forces élastiques qui, au
lieu de se faire jour à la surface, en suivant la direction opposée à la gravitation, comme ce serait la
règle, sont obligées, par des circonstances locales
particulières, de s'étendre parallèlement sous la surface, et de fendre le sol en longueur. » Dans certains
cas, qui du reste se présentent assez fréquemment,
les forces dont il s'agit n'ont pas eu l'énergie nécessaire pour percer l'enveloppe. Il en est résulté de
simples veines rectilignes : telle est la veine fort escarpée qu'on aperçoit à l'orient du cratère Thebit, et

qui, « sous certains angles de lumière, offre une ressemblance frappante avec les rainures. »

Il est à remarquer que sur la direction de ces protubérances ou de ces fentes rectilignes, l'action volcanique se montre plusieurs fois sous forme de petits cratères échelonnés dans le sens de la veine ou de la fissure. La rainure qui relie les cratères Abulfeda et Almanon en présente un exemple curieux (fig. 21).

Nous avons rapporté, en décrivant les bandes lumineuses qui entourent les cratères rayonnants, diverses hypothèses sur la nature de ces phénomènes singuliers. Nous allons maintenant exposer l'ingénieuse théorie qui les rattache aux autres mouvements du sol lunaire, théorie due à M. Chacornac, et que nous extrayons presque textuellement d'une lettre fort intéressante que nous écrivait récemment sur ce sujet le savant astronome.

« Examinez, nous disait-il, sur une des charmantes photographies lunaires de Warren de la Rue, les rayons lumineux qui émergent de Tycho. Vous remarquerez que les bandes qui se prolongent jusqu'à la Mer de Nectar ne sont pas d'un seul jet : par exemple, celle qui passe sur le cratère situé au rivage méridional de cette mer, est formée de rayons se succédant dans la même direction, et partant des sommets de divers cratères échelonnés sur son passage.

« Pour avoir une idée plus nette du fait, supposons que tous les sommets des cratères environnant Tycho, jusqu'à de grandes distances, aient été recouverts d'une poussière pulvérulente ou de neige à l'état de névé. Puis, imaginons qu'un vent violent, rayonnant de Tycho dans toutes les directions, ait entraîné ces

poussières ; celles des particules émanées du sommet
même de Tycho, n'auront pas pu s'étendre aussi loin
que la Mer de Nectar, la pesanteur les ayant rame-
nées sur le sol avant qu'elles aient pu atteindre cette
distance. Mais le courant gazeux, passant sur les sommets des cratères élevés, situés au loin de Tycho, a
continué d'entraîner, dans la même direction, les
particules pulvérulentes qui recouvraient ces sommets. Que doit-il résulter de là ? C'est que là où finit
un rayon blanc émané de Tycho, un autre rayon re-
commence, formant le prolongement du premier,
mais ayant pour point de départ un autre cratère :
telle est, par exemple, la bande lumineuse qui passe
par le groupe des trois cratères Rabbi, Lindenau et
Zagut. Il est certain que ce rayon n'est pas continu,
et, qu'à partir de Zagut, il reprend une autre direction et un accroissement de lumière, comme si du
sommet de ses remparts, il s'était détaché à nouveau
des amas de poussières pulvérulentes, entraînées par
la puissance éruptive de Tycho jusque sur les flancs
du cratère Fracastor, et même jusqu'aux rives sep-
tentrionales de la mer de Nectar.

« Dans la région nord-ouest de Tycho, ces phénomènes ne présentent aucune ambiguïté : les traînées
blanchâtres partent des sommets des montagnes et
vont s'étalant en queues de comètes, dans les directions de méridiens ayant tous Tycho pour pôle.

« Voulez-vous une explication plus complète des
montagnes rayonnantes de la Lune ? Remarquez que
tous les cratères rayonnants sont d'origine relativement
récente, c'est-à-dire non comblés. Leur fond est concave, de structure poreuse, comme tout le sol volca-

nique des continents lunaires, tranchant si nettement avec la surface lisse des mers ou des vastes cirques comblés par ce sol de sédiment. Eh bien, après la consolidation de l'atmosphère de la Lune, ou si vous voulez, après la précipitation de ses gaz non permanents, les forces intérieures n'ayant point encore perdu leur activité, donnèrent naissance aux cratères Tycho, Proclus, Aristarque, Euler, Képler, etc.

« Mais, à chaque dégagement des gaz lancés par l'éruption, ces gaz s'écoulant dans le vide devaient se répandre sur toute la surface du globe lunaire avec des vitesses énormes, entraînant tout sur leur passage. C'est ainsi que les cendres des cônes de cratères, formées sans doute comme celles des cônes volcaniques terrestres, de matières pulvérulentes, de lapis, se répandirent dans toutes les directions autour du cratère central....

« Jugez de l'effet d'une éruption de Tycho, de la puissance des gaz vomis par ce cratère en se précipitant dans le vide avec une vitesse supérieure à celle d'un boulet de canon, balayant toutes les pierres et les cendres des montagnes environnantes, sur un rayon égal au quart de la circonférence de la Lune; et vous trouverez un ordre de phénomènes dévastateurs autrement énergiques que tous ceux qui se manifestent à la surface de notre Terre. »

XVI

Y A-T-IL ENCORE SUR LA LUNE DES VOLCANS EN ACTIVITÉ?

Points lumineux observés sur la partie obscure du disque
par d'Ulloa et W. Herschel. — Déformation de quelques
cratères, d'après M. Webb.

« M. D'Ulloa assure avoir vu un point lumineux sur
la Lune dans l'éclipse totale de Soleil du 24 juin 1778,
et croit que cela vient d'un trou dans la Lune ; mais
il faudrait qu'il eût plus de 100 lieues de longueur.
M. Herschel assure y avoir vu un volcan, et cela expliquerait le point lumineux vu par M. D'Ulloa. » Ainsi
s'exprime Lalande dans l'article *Sélénographie* de l'Encyclopédie méthodique, et à ce sujet l'astronome
français s'abstient de tout développement.

Aujourd'hui personne ne croit plus ni aux trous
dans la Lune ni à l'existence de volcans enflammés
visibles de la Terre.

Arago regarde l'observation de don Antonio D'Ulloa
« comme provenant d'une illusion d'optique, et non
d'un phénomène d'incandescence qui aurait existé
alors à la surface de l'astre. »

L'observation d'Herschel à laquelle Lalande fait allusion datait du 4 mai 1783. Mais l'illustre astronome revint plus tard sur le même sujet affirmant que le 19 avril 1787, il avait vu dans la partie obscure du disque trois volcans en ignition. Enfin dans l'éclipse totale du 22 octobre 1780, il nota sur la surface de l'astre plus de cent cinquante points lumineux de couleur rougeâtre, sur la nature desquels il ne s'explique pas. Antérieurement, Bianchini et Short avaient observé des points lumineux.

Mais on sait aujourd'hui que tous ces effets de lumière sont dus à l'éclat intrinsèque de certaines montagnes, parmi lesquelles nous avons signalé, comme les plus remarquables, Aristarque, Proclus, etc. Cet éclat, dû sans doute à la nature particulière des substances dont ces montagnes sont formées, et à leur pouvoir réflecteur, est assez vif pour réfléter vers nous la lumière terrestre et donner à ces montagnes une visibilité particulière sur le fond même de la lumière cendrée. Quant à la teinte rouge dont ces points sont recouverts pendant les éclipses, elle provient de la réfraction des rayons solaires dans l'atmosphère de la Terre.

Toutefois, si la question de la visibilité de volcans en ignition paraît aujourd'hui tranchée dans le sens de la négative, il n'en est pas de même de la continuité des actions éruptives à la surface de la Lune.

Beer et Mædler, ces laborieux explorateurs de notre satellite, dont la magnifique carte fait encore aujourd'hui autorité pour les points douteux, étaient peu disposés, en 1840, à regarder comme probables des transformations actuelles du sol de la Lune. « Nous avouons, disent-ils, qu'une pareille hypothèse a très-peu de probabilité. Si les observations qu'on a faites jusqu'à présent ne l'excluent pas absolument, elles se réunissent cependant à l'hypothèse contraire, qui regarde le globe lunaire dans sa forme extérieure comme un corps actuellement *terminé* d'une manière trop simple et trop naturelle pour qu'on puisse faire attention à la supposition que des transformations violentes ont encore lieu maintenant à la surface de la Lune. »

Leurs propres observations sont négatives, et ils font remarquer avec raison que des observations nouvelles, pour avoir une signification positive, doivent s'appliquer à des objets d'une dimension qui dépasse les plus petits et les plus délicats accidents du disque. Sans quoi, il est probable que les objets nouvellement aperçus avaient échappé aux observations antérieures à cause d'une illumination peu favorable. D'autre part, les mêmes points du disque offrent, dans leurs détails, à des époques différentes des aspects variables avec le degré de libration, avec une différence dans la phase qui montre les objets éclairés de façons diverses, et enfin avec les instruments d'optique employés dans les observations.

Actuellement les observateurs sont divisés d'opinion sur cette question intéressante. Tandis que, d'après M. Nasmyth, l'action volcanique a cessé sur la Lune depuis des milliers de siècles, MM. Webb et Birt signalent plusieurs faits qui témoignent de la continuité de cette action.

Par exemple, en examinant le cratère Marius et ses environs, situé au milieu de l'Océan des Tempêtes, ces deux observateurs ont découvert deux petits

cratères que Beer et Mædler n'avaient point remar-
qués. De même en comparant les dessins de Cichus
donnés par Schrœter, et plus tard par Beer et Mædler, il leur paraît évident que les différences qu'offrent
les dimensions d'un cratère plus petit situé sur les
remparts de Cichus, sont dues à des changements
réels survenus depuis 1792, époque où Schrœter observait.

Une troisième observation, due à M. Webb, paraît
plus décisive. Il existe dans la Mer de la Fécondité, à
peu de distance de l'équateur, deux cratères qui ont

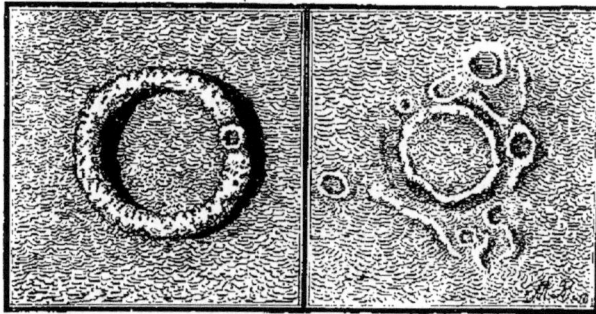

Fig. 34. Le cratère Cichus, d'après Schrœter, en 1792. — D'après
Beer et Mædler en 1833.

reçu le nom commun de Messier. Ces cratères très-
voisins l'un de l'autre étaient, à l'époque ou Beer et
Mædler ont construit leur carte de la Lune, remarquables par leur régularité de forme et par l'égalité
de leurs dimensions. M. Webb, en les observant de
nouveau, trouva que le cratère oriental paraissait
plus grand que l'autre. Cinq mois après il s'aperçut,
non-seulement de la différence de grandeur des deux
cratères, mais de la déformation du cratère occidental resté le plus petit. En effet, au lieu d'affecter une

forme ovale allongée du N. au S., c'est de l'E. à l'O., que son diamètre parut le plus grand. M. Webb insiste surtout sur une particularité toute en faveur de

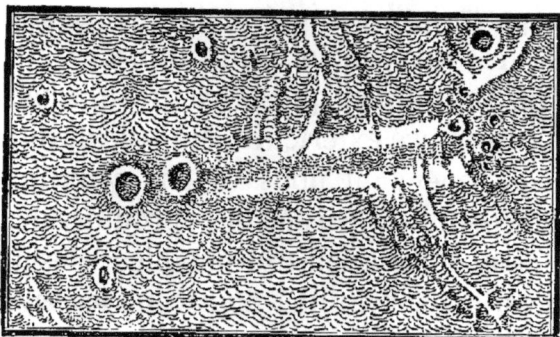

Fig. 35. Les deux cratères Messier, d'après Beer et Mædler en 1834.

leur hypothèse : Schrœter ayant découvert à l'est de Messier deux longues bandes lumineuses qui donnaient à ces objets une certaine ressemblance avec une comète et sa queue, Beer et Mædler les examinèrent plus de 300 fois sans constater aucun changement, de 1829 à 1837. La multiplicité de ces observations ne permet guère d'élever un doute sur la parfaite exactitude du dessin de la *Mappa selenographica.* Dès lors, si l'apparence des deux cratères est aujourd'hui si différente, on peut croire que les modifications constatées se sont réellement produites depuis 1837.

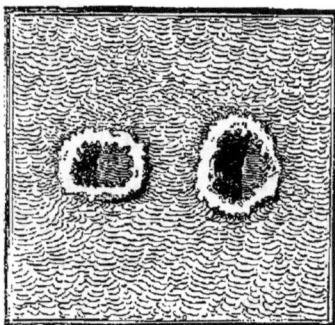

Fig. 36. Les cratères Messier, d'après M. Webb, le 18 février 1857.

Certes, les faits de ce genre offrent un grand intérêt; il est impossible de ne les pas prendre en considération pour l'examen de la question en litige.
Mais il importe qu'ils soient multipliés, avant qu'on
puisse en tirer une conclusion certaine.

Il ne faut pas oublier que notre globe, sous le rapport de la structure extérieure, est considéré comme
terminé; et cependant nous voyons sous nos yeux
l'action volcanique se perpétuer et produire des changements de configuration très-notables; des mouvements lents, mais continus déplacent les rivages de
la Norwége. Mais il faut des siècles pour arriver à
constater ces effets des forces intérieures. L'action
volcanique peut durer maintenant encore à la surface
de la Lune et même s'y manifester sur une échelle
beaucoup plus vaste qu'à la surface de la Terre, sans
que les résultats soient très-sensibles dans un petit
nombre d'années. C'est à la longue qu'on pourra les
constater avec une suffisante certitude, et cet examen
deviendra plus aisé et plus sûr, aujourd'hui que des
recherches patientes et consciencieuses ont exploré
la surface du disque lunaire dans ses plus minutieux
détails et qu'on a des documents authentiques pour
servir de termes de comparaison avec les recherches
ultérieures.

N'est-ce pas déjà un résultat merveilleux que d'a-
voir établi la géographie lunaire sur des bases mathématiques et positives, de connaître toutes les régions de l'hémisphère qu'elle tourne vers nous avec
une précision topographique supérieure à celle de
bien des contrées terrestres? Grâce aux beaux travaux
dont les observateurs modernes ont doté la science,

le moment approche où l'on pourra étudier les formations lunaires au point de vue géologique et faire
l'histoire de notre satellite, comme on a fait l'histoire
de la Terre. Sans doute, il manquera toujours un
élément essentiel, la connaissance chimique ou mi-
néralogique des substances qui composent le sol, et
surtout la succession des couches intérieures de la
croûte solide, et l'on ne voit pas trop comment il sera
possible de suppléer jamais à cette dernière lacune.
Mais relativement à la première, la science n'a pas dit
son dernier mot, et il est permis d'espérer qu'on fi-
nira par trouver un moyen d'analyser le sol de la
Lune ; cette espérance est d'autant plus légitime qu'il
y a quelques années à peine, il eût paru chimérique
de chercher de quelles substances le globe solaire est
formé. On a vu cependant comment s'est trouvé résolu
ce curieux problème, à l'aide d'une méthode qui est
une des plus admirables conquêtes de la science contemporaine.

CHAPITRE IV.

MÉTÉOROLOGIE DE LA LUNE.

XVII

LA LUNE A-T-ELLE UNE ATMOSPHÈRE?

Preuves de l'absence ou d'une extrême rareté d'une enveloppe atmosphérique. — Les phénomènes de lumière à la surface de la Lune ; ombres noires et tranchantes. — Absence du son. — Il n'y a pas d'eau ou de liquide vaporisable à la surface de la Lune.

L'atmosphère est certainement, de tous les éléments dont se compose ce qu'on nomme la constitution physique d'un astre, le plus important. Sans atmosphère, sans cette enveloppe gazeuse où les êtres organisés puisent incessamment de quoi alimenter leur propre existence, il nous est impossible de concevoir autre chose que l'immobilité et le silence de la mort. Ni animaux, ni végétaux, même de l'organisation la plus infime, ne nous semblent susceptibles de vivre et de se déve-

9

lopper ailleurs que dans un milieu fluide, élastique
et mobile, dont les molécules soient en continuel
échange de force avec leurs propres organismes. Sans
doute, nous sommes bien éloignés de connaître tous
es modes sous lesquels se manifeste la vie ; mais, à
moins de sortir du domaine des faits observés, pour
entrer dans celui de l'imagination pure, nous sommes
bien obligés de convenir que l'atmosphère nous semble une des conditions les plus essentielles à l'existence
des êtres organisés.

Eh bien, telle est, si l'on en croit l'opinion générale-
lement admise par les astronomes, la constitution
physique de notre satellite : la Lune n'a pas d'atmosphère.

C'est là un fait d'une importance si capitale qu'il
est indispensable de nous rendre compte des raisons
qui l'ont fait admettre dans la science, des observations qui en ont rendu la constatation possible.

L'existence d'une enveloppe gazeuse ou vaporeuse
autour d'un astre peut nous être révélée de plusieurs
manières. Étudions-les successivement.

Parmi les taches qui parsèment le disque de la
Lune, en est-il qui soient mobiles et temporaires ?
Telle est la première observation qu'ont dû faire les
astronomes pour chercher des témoignages de l'existence d'une atmosphère.

En effet, si la Lune est entourée de couches gazeuses, il est probable qu'au sein de ces couches, les
variations de la température qui proviennent du mouvement des diverses régions lunaires par rapport au
Soleil, donnent lieu à des condensations de vapeur
analogues à nos nuages. La précipitation de ces amas

vaporeux par le refroidissement, leur évaporation par un accroissement de chaleur, enfin les courants aériens de la masse atmosphérique ne pourront manquer de produire des mouvements continuels ainsi qu'il arrive sur notre Terre. La présence d'un nuage lunaire nous masquera la partie du sol devant laquelle il se projette; sa disparition la fera voir de nouveau.

Observe-t-on de semblables phénomènes sur le disque lunaire?

Non. Ni à la vue simple, ni à l'aide des télescopes les plus puissants, on n'a pu reconnaître, parmi les taches dont il est parsemé, rien qui indique l'existence du moindre nuage. Jamais la netteté des plus petites taches visibles n'a paru altérée par le moindre accident, et l'on sait qu'un nuage de cent mètres de diamètre serait aisément distingué. Pas de traces de bandes mobiles, sombres ou brillantes comme dans Jupiter, de taches mobiles comme dans Mars. Le ciel de la Lune est évidemment d'une sérénité absolue.

Cela ne suffit pas, à la vérité, pour conclure à l'absence d'une enveloppe gazeuse. Mais déjà l'on peut dire que l'atmosphère de la Lune, si elle existe, ne contient point de vapeurs susceptibles de condensation vésiculaire. L'atmosphère de la Lune serait-elle donc toujours d'une parfaite transparence?

Un autre moyen de constater la présence d'une enveloppe gazeuse est celui-ci :

Les gaz, les vapeurs et en général tous les corps transparents jouissent d'une propriété connue en physique sous le nom de réfringence. Un rayon de lumière vient-il à les traverser, sa route est déviée :

il se brise, et quand il arrive à l'œil, il fait paraître
l'objet dont il émane ailleurs que dans sa direction
réelle : c'est le phénomène connu sous le nom de
réfraction.

Si la Lune possède une atmosphère, cette atmosphère devra briser les rayons lumineux qui la traver-
sent, les réfracter. Voyons quel sera l'effet produit sur
une étoile qui passe derrière son disque, pour un
observateur qui, de la Terre, étudie le phénomène.
Aussitôt que le point lumineux se trouvera derrière
la couche gazeuse qui entoure le disque, la réfraction
le fera paraître plus éloigné du bord qu'il ne l'est
réellement à chaque moment de son mouvement. Il y
aura donc d'abord un ralentissement progressif dans
ce mouvement même. Puis, au moment où l'étoile sera
réellement occultée par le disque, la réfraction l'éloi-
gnant toujours de sa position vraie permettra de la voir
encore. En résumé, l'interposition d'une atmosphère
aura pour effet de retarder l'instant de la disparition
de l'étoile.

Par le même motif, lorsque le point lumineux est
encore masqué par le bord opposé de la Lune, la
réfraction le fera néanmoins apparaître, avançant ainsi
le moment où l'œil de l'observateur jugera de la fin de
l'occultation. De toute façon, la durée de l'éclipse stel-
laire sera abrégée. Toute la question est donc de savoir s'il est possible de s'assurer que les choses se
passent ou ne se passent pas ainsi.

Le mouvement de la Lune sur le fond étoilé du ciel
est d'avance calculé avec une extrême précision. Des
formules et des tables permettent d'évaluer le temps
précis qu'une étoile donnée doit mettre à parcourir,

derrière le limbe lunaire, la corde qui marque la portion invisible de sa route. Dans ces tables, on n'a tenu compte que du mouvement de la Lune et des dimensions de sa partie solide. Dès lors, si une atmosphère existe, l'observation devra se trouver en désaccord avec les formules : la durée de l'occultation observée devra être moins longue que la durée de l'occultation calculée. De combien? Cela dépend évidemment, en un cas donné, de la densité plus ou moins grande de l'enveloppe gazeuse.

Or rien de pareil n'a pu être constaté ; s'il existe une atmosphère lunaire, sa densité est moindre que la 2000ᵉ partie de la densité moyenne de l'atmosphère terrestre. Elle est plus rare que le vide qui subsiste, après une manœuvre aussi complète que possible, sous le récipient de nos meilleures machines pneumatiques.

Ce fait paraît décisif et prouverait en effet que la Lune n'a pas d'atmosphère, ou du moins pas d'atmosphère appréciable pour nous, si le diamètre apparent de la Lune était mesuré et connu avec une précision suffisante. En est-il réellement ainsi? Telle est l'objection qui subsiste encore, et qui serait levée, si la méthode proposée il y a déjà longtemps par François Arago eût été pratiquée, ce que nous ignorons [1].

Du reste, le profil du disque de la Lune, tel que nous le voyons de la Terre, ne paraît uniforme, que parce

1. Arago proposait de mesurer la distance de l'étoile occultée à une étoile voisine, et d'observer, un peu avant l'occultation, si cette distance allait en diminuant progressivement. C'est ce qui devrait arriver, dès que la lumière de la première étoile pénétrerait dans la couche gazeuse enveloppant le disque.

que les aspérités montagneuses se recouvrent les unes
les autres par l'effet de la perspective. Les observations
dont nous venons de parler prouvent donc seulement
qu'il n'y a pas d'atmosphère lunaire, à l'altitude des
sommets montagneux dont nous parlons. Cette atmosphère serait-elle confinée, comme on l'a supposé,
au niveau des plaines, ou au fond des cratères? En
ce cas, les occultations d'étoiles devront accuser l'action réfringente de l'atmosphère, toutes les fois
qu'elles auront lieu dans les parties du limbe dont le
niveau ne dépasse pas le niveau moyen des plaines
lunaires. Aucune observation positive de ce genre n'a
été signalée, depuis quatorze ans que M. P. de Cuppis
a attiré l'attention des astronomes sur ce point. La
réfraction due à une atmosphère lunaire devrait
aussi se manifester dans les éclipses de Soleil, annulaires ou totales. Et à la
vérité, les phénomènes
connus sous le nom de
dentelures de Baily, la
forme arrondie et tron-
quée des cornes du
croissant solaire, ob-
servée dans l'éclipse to-
tale de Juillet 1860 par
M. Laussedat, pour-
raient être autant de
témoignages en faveur
de l'existence d'une at-
mosphère. Mais il reste à savoir si ces phénomènes
optiques ne sont pas susceptibles d'un autre genre
d'explication.

Fig. 37. Échancrure du croissant
solaire.

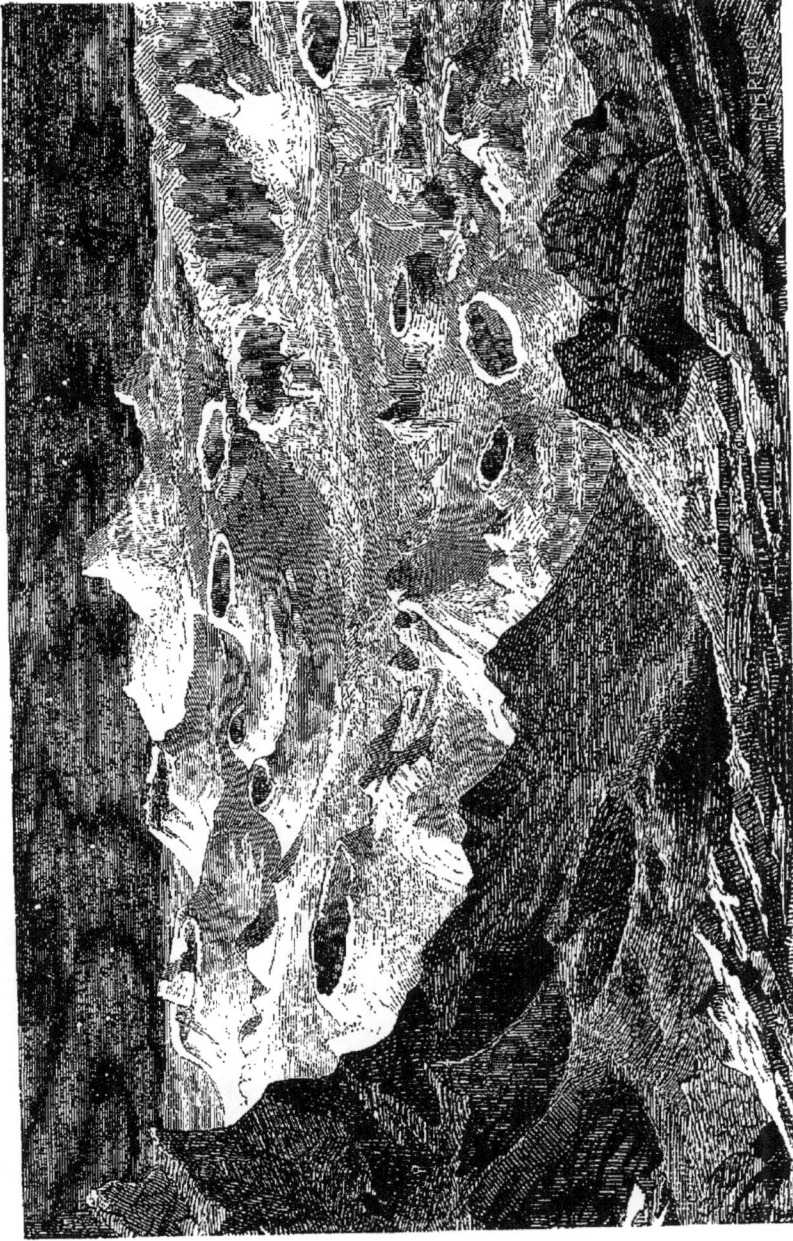

Fig. 38. Un paysage lunaire.

D'autres moyens existent encore pour s'assurer si
la Lune a ou n'a point d'atmosphère. A la distance où
nous sommes de notre satellite, distance assez petite
pour que nous puissions observer la clarté que la lumière de la Terre donne à ses nuits, les crépuscules
doivent être aisés à reconnaître. La ligne de séparation
de la lumière et de l'ombre, au lieu d'être nettement
tranchée, doit se fondre par une teinte lumineuse
d'intensité décroissante du côté de la partie obscure
du disque. Or, là, l'observation montre bien des inégalités, des dentelures; mais elles sont très-nettement
détachées et n'accusent évidemment que de grandes
différences dans les niveaux d'un sol montagneux et
accidenté. Schrœter seul paraît avoir observé un
crépuscule lunaire, en constatant, sur l'extrémité
des cornes du croissant, une lueur qui allait en
s'affaiblissant du côté de la partie obscure du disque.
Cette lueur ne pouvait être confondue avec la lumière
cendrée, puisqu'elle a été vue à un moment où le crépuscule terrestre était encore assez vif pour rendre
invisibles les régions de la Lune les plus éloignées du
croissant lumineux.

Comment se fait-il qu'une observation si intéressante n'ait point été de nouveau tentée? C'est une
question à laquelle nous ne saurions répondre et qui
se présenterait dans plus d'un autre problème, encore
obscur, d'astronomie physique.

Schrœter a conclu de ce fait à l'existence d'une
atmosphère de la Lune, dépassant de 450 mètres le
niveau moyen des plaines.

Enfin quand on examine les ombres portées par les
pics, les cratères et en général toutes les élévations si

nombreuses dans certaines régions de la Lune, on
remarque que ces ombres, sont nettement et partout
également accusées au sommet comme à la base des
montagnes; nulle part, elles ne présentent cette dégradation dans les teintes qui serait la conséquence
naturelle de l'interposition des couches gazeuses de
densité croissante.

En résumé, et dans l'état actuel des connaissances
astronomiques les raisons qui militent en faveur de
l'existence d'une amosphère lunaire sont beaucoup
moins décisives que les raisons opposées, et il paraît
certain que la Lune n'a pas d'atmosphère sensible.

Or, s'il en est réellement ainsi, qu'on juge de l'aspect que doivent présenter les paysages lunaires, au
point de vue seul de la lumière et des ombres. Tous
les objets qui reçoivent directement les rayons solaires y brillent avec un éclat que n'atténue point la
distance. Les ombres y ont partout la même intensité; elles ne permettent de voir les objets qu'elles
enveloppent que par les reflets des corps éclairés voisins, la diffusion de la lumière du jour par les molécules aériennes s'y trouvant impossible. A l'horizon,
les contours des objets se détachent avec une crudité
extrême sur le fond noir du ciel[1], où les étoiles et

----

1. La couleur du ciel sur les hautes montagnes peut donner
une idée de l'aspect que présenterait la voûte céleste pour un
observateur placé à la surface de la Lune. Saussure, dans son
ascension du Mont-Blanc en 1787, a comparé la couleur du ciel
aux diverses nuances d'un papier teinté depuis le bleu pâle jusqu'au bleu presque noir. Au milieu de la journée, le ciel était presque aussi foncé que la nuance la plus sombre. Il est probable que
pendant la nuit, la couleur de la voûte étoilée doit approcher du
noir même.

tous les autres astres brillent en plein jour. Le disque du Soleil se découpe lui-même nettement au milieu d'un ciel étoilé dont la teinte sombre n'offre nulle part de dégradation. Là, pas de perspective aérienne; point de ces jeux de lumière, de ces teintes vaporeuses qui donnent aux paysages terrestres tant de charme et de douceur. Ni crépuscule le soir, ni aurore pendant les matinées : la nuit et le jour se succèdent brusquement et sans transition, sauf dans les points où de hautes montagnes encore éclairées par les rayons solaires réfléchissent leur vive lumière au sein des ténèbres qui règnent à leur base.

Les phénomènes d'optique dus à la présence d'un milieu gazeux ou à celle des vapeurs aqueuses n'existent point à la surface de la Lune. La réfraction n'y décompose pas la lumière blanche en sept couleurs et en mille nuances variées. L'arc-en-ciel, les teintes si belles qui, sur notre Terre, empourprent l'horizon au lever et au coucher du Soleil y sont inconnus.

L'absence d'air à la surface de la Lune implique l'absence d'eau. S'il existait des lacs, des mers, ou simplement des rivières, les liquides qui formeraient ces réservoirs ou ces courants, se réduiraient spontanément en vapeur, par le fait seul qu'ils ne seraient point maintenus par une pression atmosphérique. Mais la chaleur solaire, agissant plus énergiquement encore, il en résulterait une enveloppe gazeuse, des nuages épais de vapeur. Un nuage de 200 mètres de diamètre serait aisément visible. Or, nous venons de le dire plus haut, jamais aucune tache mobile n'a été observée sur le disque de la Lune.

Point d'air et point d'eau! C'est l'absence forcée des vents et des courants, c'est l'immobilité partout, dans le ciel comme sur le sol. Tout au plus, sous l'influence des alternatives de chaleur et de froid, la désagrégation des matières et la rupture d'équilibre des corps pesants entraînant la chute de débris de roche, rompent la monotonie d'une immobilité et d'un silence éternels. Car le son, ne pouvant s'y propager par aucun milieu aérien, se transmet tout au plus au contact, par les vibrations des molécules solides. Pour un habitant de la Terre, l'astre des nuits n'est donc, selon l'expression d'Humboldt, « qu'un désert silencieux et muet. »

XVIII

LES JOURS ET LES NUITS LUNAIRES.

Comparaison des jours et des nuits de la Lune avec les jours
et les nuits terrestres. — Absence de crépuscules et d'aurores. — La Terre vue de la Lune. Clairs de Terre. Les
nuits sur l'hémisphère invisible.

Quel est le climat de la Lune? Que sont, sur notre
satellite, les jours, les nuits et les saisons? Quelle est,
en un mot, sa météorologie, et comment les phénomènes que l'on comprend d'ordinaire sous cette dernière dénomination, se distribuent-ils dans les diverses régions de son globe?

Les phases de la Lune qui se reproduisent avec régularité et constance, toutes les lunaisons, prouvent
déjà que le jour et la nuit s'y succèdent alternative-
ment, comme sur la Terre. Seulement la durée de
ces phénomènes y est beaucoup plus longue : c'est en
vingt-neuf jours et demi que le globe lunaire présente
toutes ses faces à la lumière du Soleil. Ainsi le jour
solaire de la Lune est d'environ 709 heures, plus
exactement de 708 heures, 44 minutes, 3 secondes.
Comme la ligne des pôles de la Lune est presque perpendiculaire au plan de l'écliptique, il en résulte que

les jours et les nuits se partagent à peu près également
cette durée. Chacun des points de la surface de
la Lune voit donc le Soleil poindre à son horizon, au-
dessus duquel il s'élève lentement pendant 177 heures :
c'est alors l'instant de midi, le milieu de la journée
lunaire. Pendant l'autre moitié, le Soleil décrit en
sens inverse un arc égal et symétrique au premier,
puis disparaît avec la même lenteur au-dessous de
l'horizon. La journée a duré environ 354 heures et
demie.

Alors commence une nuit de même durée, une
nuit près de trente fois aussi longue que celle de
notre Terre à l'époque des équinoxes.

Mais, est-ce seulement sous le rapport de la durée
que les journées et les nuits lunaires diffèrent des
jours et des nuits terrestres? Non, certes ; il s'en faut
de beaucoup. Pour en juger, comparons le jour lunaire au jour terrestre, sous une même latitude, celle
par exemple de notre zone tempérée.

Bien avant que le Soleil fasse son apparition sur
notre horizon terrestre, les ténèbres de la nuit font
place à la lueur de plus en plus éclatante de l'aurore :
c'est graduellement que la lumière pénètre dans les
couches atmosphériques qui la réfléchissent vers le sol.
Même à l'époque des courts crépuscules, en mars et
en septembre, cette préparation au lever du Soleil
est très-sensible, et les nuages les plus épais, les brouillards les plus denses l'atténuent sans la détruire. Je
ne m'arrêterai pas à dépeindre la beauté du paysage
céleste, la variété d'aspect que présente le ciel entier, quelques instants avant le lever de l'astre ra-
dieux, la lumière étincelante de l'horizon oriental,

les vives couleurs, les nuances charmantes qui con-
trastent avec le gris sombre et froid du couchant.
Tous ceux que les beautés de la nature ont le don
d'émouvoir ne peuvent se lasser d'admirer un si beau
et un si touchant spectacle que sa variété infinie
empêche d'être jamais monotone. Alors même que le
disque solaire s'est découvert dans sa splendeur, ce
n'est qu'insensiblement qu'il acquiert tout son éclat :
l'épaisseur seule des couches d'air, plus grande à
l'horizon, diminue l'intensité de sa lumière et nous
accoutume à en supporter la vivacité extrême.

De même, le crépuscule du soir rend moins brusque
la transition de l'état du jour à l'obscurité nocturne,
et les teintes empourprées de l'horizon occidental ne
le cèdent pas en beauté à nos aurores. Même au milieu du jour, même par un ciel pur et serein, la voûte
céleste offre une dégradation de teinte et de lumière
pleine de charme : tout autour du disque solaire,
dont l'œil ne peut supporter l'éclat, une couronne
lumineuse, une teinte d'or splendide va peu à peu se
fondre dans l'azur profond, et le nord et le midi,
l'orient et l'occident se distinguent par des nuances
diverses de lumière et de couleur. Ce serait un spectacle bien autrement varié, si, au lieu de ne considérer qu'un climat, nous cherchions à dépeindre le
jour et la nuit terrestres dans toutes les zones de
notre globe, depuis le ciel brûlant des tropiques et
de l'équateur jusqu'aux solitudes glacées des pôles.

Sur la Lune, les jours et les nuits forment-ils des
tableaux aussi variés de nuances ? Se succèdent-ils
avec des transitions aussi ménagées ? Non, et la raison
en est aisée à concevoir.

L'absence ou du moins la rareté extrême de l'atmosphère produit du jour à la nuit et de la nuit au
jour une transition subite. Je me trompe : la seule
dégradation de lumière qu'on y observe est due à la
lenteur avec laquelle le Soleil s'élève au-dessus ou
s'abaisse au-dessous de l'horizon. Ce n'est que peu à
peu que son disque se découvre ou se cache derrière
les plans les plus éloignés du paysage, et il s'écoule
près de 10 heures entre le moment où brille le premier point lumineux et celui où le disque entier de
l'astre a fait son ascension complète. Mais l'intensité
de la lumière solaire perçue directement atteint du
premier coup toute sa force ; et l'œil de l'homme qui
n'en peut supporter l'éclat à travers une épaisseur
atmosphérique qui varie de 60 à 870 kilomètres,
serait, sur la Lune, ébloui et cruellement blessé à
vouloir la regarder en face.

Une fois le Soleil levé, quelle que soit sa hauteur,
il projette avec une égale force sa lumière vive et crue
sur tous les objets ; n'étaient les reflets des aspérités
éclairées, montagnes et collines, tout objet plongé
dans l'ombre serait même au milieu du jour dans
de complètes ténèbres, que tempérerait seul l'éclat
de la voûte céleste, sans cesse parsemée d'étoiles. A
la vérité, l'illumination du sol y varie selon les
heures du jour, parce qu'une surface éclairée l'est
avec d'autant plus de force que l'obliquité des rayons
lumineux est moins grande.

Pendant la nuit, l'obscurité est si profonde que nos
nuits les plus noires ne peuvent en donner une idée.
Le ciel, sur la Terre, conserve encore sa transparence, la teinte foncée des espaces qui séparent les

étoiles est toujours colorée et bleuâtre; d'ailleurs suivant l'heure de la nuit, elle va se dégradant au levant
et au couchant. Rien de semblable dans les nuits lunaires : la crudité violente du ton noir que présente
le firmament est encore augmentée par la vivacité
des lumières stellaires, et la présence du disque terrestre ne peut qu'ajouter à ce contraste.

Mais en revanche, quelle magnificence dans la multitude prodigieuse d'étoiles visibles, dans l'éclat splendide de la Voie Lactée, dans la beauté de la Lumière
Zodiacale, si difficile à voir dans nos nuits terrestres !
Quel est l'astronome qui ne se sentirait transporté de
joie à la pensée qu'il lui serait possible d'installer son
observatoire sur le sol de la Lune, et d'y observer à
son aise, ne fût-ce que pendant dix ou douze nuits
lunaires!

J'ai parlé de la visibilité de la Terre. Il est aisé de
comprendre que cette visibilité n'est possible que
pour l'hémisphère tourné vers nous. Circonstance
curieuse, et qui constraste avec la mobilité de la Lune
dans notre ciel : c'est toujours au même point de la
voûte étoilée que brille le disque de notre planète,
suspendu au-dessus de l'horizon comme un lustre,
et n'oscillant autour de cette position presque invariable que d'une manière insensible.

Transportons-nous par la pensée en un lieu de la
Lune situé dans l'hémisphère visible, par exemple
en face même de notre Terre, c'est-à-dire sur le méridien central. A minuit — c'est l'heure où la nouvelle
Lune commence pour les habitants de notre planète
— la pleine Terre brille dans tout son éclat. Plus de
treize fois aussi grosse que le disque lunaire vu de la

Terre, le disque terrestre nous présente des taches
variées qui marquent ses continents et ses mers, çà
et là masqués par d'autres taches brillantes et mobiles, les nuages atmosphériques. Deux calottes blanchâtres, semblables à celles de Mars, entourent les
pôles : les mers ont une nuance bleuâtre prononcée,
tandis que les continents sont tachetés de parties d'un
vert pâle et que tout le contour du disque, plus lumineux que les parties centrales, est légèrement
rougeâtre, effet naturel de la réfraction atmosphérique.

La Terre est à peu près immobile au même point
du ciel, plus ou moins près du zénith, suivant la latitude ; mais l'aspect de son disque varie avec une rapidité relativement assez grande. On voit les taches
défiler du bord oriental au bord occidental (par rapport au point sud de l'horizon lunaire). Si le continent asiatique était d'abord en vue, c'est lui qui disparaît le premier pour faire place à l'Europe et à
l'Afrique et enfin au Nouveau Monde et à l'Océan pacifique. Toutes les vingt-quatre heures, ce défilé recom-
mence et la Terre semble ainsi comme une horloge
au cadran mobile dont les heures correspondent à
des taches différentes.

A mesure que la nuit s'avance, le disque terrestre
s'échancre et de circulaire devient ovale sur une de
ses moitiés, jusqu'à ce que, au lever du Soleil, il se
présente sous la forme d'un demi-cercle. L'inverse
avait eu lieu dans la première moitié de la nuit lunaire, de sorte qu'en 354 heures, la Terre a passé du
premier au dernier quartier. Les autres phases s'ac-
complissent en plein jour et notre planète apparaît

Fig. 39. Paysage de la Lune. Clair de Terre.

au milieu des étoiles, comme un grand croissant complété par une teinte obscure semblable à la lumière cendrée : ce sont les clairs de Lune terrestres.

De tels phénomènes, nous l'avons dit, sont inconnus dans les nuits et les jours de l'hémisphère opposé : on n'y connaît pas la Terre. Seule, une zone d'une certaine étendue, voit notre globe apparaître à l'horizon, y séjourner quelque temps pour disparaître sans jamais s'élever que d'un petit nombre de degrés. Encore cette apparition de la Terre n'a-t-elle pas lieu toutes les nuits, de sorte que, dans cette zone il y a des nuits claires et des nuits tout à fait obscures. Partout ailleurs, les nuits sont d'une obscurité profonde que ne tempère aucun crépuscule, mais où la magnificence de la voûte étoilée permet d'observer, pendant 350 heures, les plus délicats des phénomènes célestes.

La durée du jour et de la nuit varie dans de très-faibles limites à la surface de la Lune, circonstance qui tient à la faible inclinaison de la ligne de ses pôles sur l'écliptique. Les parallèles décrits par le Soleil s'y éloignent peu de l'équateur. Mais il faut excepter les régions tout à fait voisines des pôles, où la durée de la nuit et celle du jour peuvent être beaucoup plus petites ou beaucoup plus longues. Aux pôles mêmes, les montagnes sont éclairées perpétuellement par la lumière du Soleil : « Le Soleil ne descend au-dessous du véritable horizon d'un pôle lunaire que tout au plus d'une quantité égale à l'inclinaison de l'équateur de la Lune, c'est-à-dire de 1° 30', mais la petitesse du globe de la Lune fait que, déjà à une élévation de 600 mètres, l'œil plonge à 1°30' au-dessous du véritable horizon. Or il y a, au pôle nord, des montagnes de 3000 mètres et, au pôle sud même, de plus de 4000 mètres de hauteur ; par conséquent, le sommet de ces montagnes ne peut jamais être caché à la lumière du Soleil. » (Beer et Mædler.)

On se fera, d'ailleurs, une idée plus exacte de la faible différence qui existe entre les durées des plus courts jours, aux diverses latitudes de la Lune, par le tableau suivant dont les éléments sont empruntés à l'*Astronomie populaire* d'Arago, et qui s'applique naturellement aux plus longues et aux plus courtes nuits :

A l'équateur, le jour et la nuit ne varient pas et sont constamment de 354 heures 22 minutes et 1 seconde :

Latitude septentrionale ou méridionale	Durée du plus long jour.			Durée du jour le plus court.		
0°...........	354ʰ	22ᵐ	1ˢ...........	354ʰ	22ᵐ	1ˢ
15°...........	355	9	19	353	34	43
30°...........	356	3	54	352	40	8
45°...........	357	18	30	351	25	32
60°...........	359	27	47	349	16	15
75°...........	362	21	40	343	22	22

La différence entre le plus long jour et le plus court est, comme on voit, très-faible d'abord et ne devient très-sensible qu'à partir du 60ᵉ degré. A 88 degrés de latitude, à 2 degrés des pôles, cette différence est plus considérable ; elle s'élève déjà à 190 heures, et enfin aux pôles mêmes le Soleil est visible pendant 179 jours, un peu moins d'une demi-année terrestre.

L'hémisphère invisible a des jours un peu plus

courts que l'hémisphère tourné vers la Terre. La plus
grande différence a lieu pour les points situés sur les
deux moitiés du méridien central et s'élève pour la
durée moyenne du jour à 1 heure 7 minutes 54 secondes.

XIX

LE CLIMAT DE LA LUNE.

Les saisons. La chaleur et le froid. — Température torride
des jours lunaires ; intensité du froid pendant les nuits. —
Variations dans le cours d'une révolution autour du
Soleil.

La Lune a des nuits et des jours, comme la Terre :
a-t-elle, comme notre planète, une année et des
saisons?

Quand il s'agit d'un corps céleste qui tourne directement autour du Soleil, en décrivant une orbite de
forme elliptique ou à peu près circulaire, l'année de
ce corps céleste est l'intervalle de temps qui s'écoule
entre deux retours consécutifs de l'astre au même
point de son orbite. Pour la Lune, le mouvement
étant plus complexe, la définition de l'année peut
s'entendre de deux manières, et chacune d'elles est
sujette à des interprétations différentes.

Considère-t-on la révolution de la Lune autour de
la Terre? Dans ce cas, l'année lunaire terrestre peut
s'entendre du retour de notre satellite au même point
de son orbite, et sa durée est de 27 jours 7 heures
43 minutes, un peu moins longue que la lunaison; ou

encore, du retour de la Lune à sa même position
rapportée au Soleil et à la Terre, et dans ce cas, l'année lunaire et la lunaison sont une seule et même
chose. Cela reviendrait à dire que le jour de la Lune
est identique à son année, laquelle se compose en
tout d'une seule journée et d'une seule nuit. Enfin,
si l'on entendait l'année lunaire relativement au mouvement de la Lune autour du Soleil, elle serait à fort
peu de chose près de même durée que l'année terrestre.

Mais ce n'est pas le côté purement géométrique de
la question que nous avons en vue ici; ce qu'il nous
importe de connaître, c'est l'influence que les variations de position de la Lune peuvent avoir sur la température et le climat des diverses régions lunaires

Ces variations sont très-faibles. Cela tient à ce que
l'axe de rotation se meut dans l'espace en restant
toujours parallèle à lui-même, et à peu de chose près
perpendiculaire au plan de l'écliptique. Le Soleil,
soit dans le cours d'une lunaison, soit dans les lunaisons successives, varie peu de hauteur sur un même
horizon. Oscillant de un degré et demi au-dessous
de l'équateur, sa variation totale ne s'élève donc qu'à
3 degrés. De là une constance dans le climat de chaque région d'autant plus sensible qu'il n'y a pas de
phénomènes atmosphériques correspondants.

Mais essayons de nous faire une idée du climat de
la Lune au point de vue des variations de sa température.

Pendant 354 heures, près de quinze jours terrestres, le Soleil darde sans interruption ses rayons
sur le sol, d'abord obliquement aux heures qui sui-

vent son lever; puis de plus en plus verticalement à
mesure qu'approche le milieu de la journée. La température de la surface, sous l'influence prolongée
d'un rayonnement aussi intense, doit atteindre une
élévation extraordinaire « peut-être bien supérieure,
dit J. Herschel, à celle de l'eau bouillante. » Après le
midi lunaire, l'échauffement du sol continue et atteint, sans doute, son maximum entre ce moment
et le coucher du Soleil, ainsi qu'il arrive sur notre
Terre.

A la vérité, l'absence d'atmosphère doit permettre
au rayonnement calorifique de s'exercer avec une intensité extrême, qui dépend aussi de la nature même
des substances qui composent le sol. Il en résulte
que le climat de la Lune offre une certaine analogie
avec nos climats alpestres. On sait que si l'on s'élève
sur les hautes montagnes, la chaleur du Soleil reçue
directement est insupportable; le sol lui-même s'é-
chauffe facilement; mais les couches de l'air ont une
température inférieure, et l'on éprouve, en définitive,
une réelle sensation de froid, principalement mar-
quée, lorsqu'on se place à l'ombre. Dans les hautes
régions « le sol rayonne, et s'il s'échauffe plus que
l'air sous l'influence des rayons solaires pendant le
jour, il se refroidit plus que lui dès que les rayons
du Soleil ne le frappent plus directement, c'est-à-dire
à l'ombre et pendant la nuit » (Martins). C'est la
moindre épaisseur de l'atmosphère qui favorise l'é-
chauffement du sol sur un sommet, et qui, rendant
aussi le rayonnement plus intense, favorise encore
plus son refroidissement à l'ombre ou pendant la
période nocturne.

Sur la Lune, l'air manque, ou s'il y en a des traces, sa rareté est bien autrement considérable que l'air des régions alpestres. Le contraste y est donc plus frappant encore ; l'on doit y trouver à la fois une température torride dans les lieux qu'éclaire la lumière solaire, et un froid intense dans les endroits qui en sont privés ; par exemple à l'ombre des cavités, des cratères et des cirques.

Pendant les 354 heures de la nuit, toute cette chaleur accumulée n'étant plus retenue par une enveloppe gazeuse, la température décroît avec une rapidité extrême. Elle s'abaisse, sans doute, bien au-dessous de celle de nos hivers polaires.

De l'équateur aux deux pôles, la différence des climats ne tient qu'à l'obliquité plus grande sous laquelle arrivent au sol les rayons de lumière et de chaleur. De sorte que la décroissance de la température avec l'accroissement de latitude, doit avoir beaucoup d'analogie avec les variations thermométriques, qui caractérisent les diverses périodes d'une journée lunaire.

Sur notre Terre, les rigueurs de l'hiver, aussi bien que celles de l'été, sont souvent tempérées par les phénomènes atmosphériques, par les courants aériens ou océaniques, par la présence des nuages, la pluie, les orages. Dans la Lune, rien de pareil. Un soleil de plomb darde sans pitié sur tous les points exposés à son action ses flèches dévorantes. Comment, si le sol lunaire était çà et là recouvert de nappes d'eau, de mers, de lacs, de rivières, comment ces masses liquides échapperaient-elles à une évaporation rapide, alors surtout qu'aucune pression atmosphérique ne

viendrait s'opposer à ce changement d'état? Voilà
pour le jour. Pendant la nuit, toute trace d'eau ou
de vapeur aqueuse disparaîtrait par un phénomène
inverse, et les nappes liquides se trouveraient trans-
formées en lacs congelés, comme aussi les vapeurs
promptement condensées tomberaient subitement
sous forme de neige. J. Herschel a émis une opinion
de ce genre; mais s'il ne considère pas de tels phénomènes comme impossibles, du moins il pense qu'ils
sont renfermés dans des limites étroites. L'alternative
de deux températures opposées, l'une et l'autre ex-
cessives, « doit produire, dit-il, un transport constant
de tout ce qu'il y a d'humidité à la surface de la Lune,
des points verticalement situés sous le Soleil aux
points opposés, par une sorte de distillation dans le
vide semblable à celle du petit instrument qu'on
nomme *cryophore*. De là, une sécheresse absolue dans
les premières régions, et une accumulation de gelée
blanche ou de neige dans les autres, et peut-être une
zone étroite d'eau courante sur les bords de l'hémisphère éclairé. Il est possible alors que cette évaporation d'un côté et cette condensation de l'autre puis-
sent, jusqu'à un certain point, produire une sorte
d'équilibre dans la température et mitiger l'extrême
rigueur des deux climats. Toutefois une telle série
de phénomènes, qui impliquerait une génération et
une destruction alternatives et continuelles d'une atmosphère de vapeur aqueuse, doit, conformément à
ce que nous avons dit de l'absence d'une atmosphère
lunaire, être confinée dans de très-étroites limites. »
Si l'hypothèse de l'illustre astronome était l'expression de la réalité, elle rendrait compte jusqu'à un

certain point de la faible radiation calorifique du sol de la Lune qu'on a eu tant de peine à constater, nous l'avons vu, à la surface de la Terre ; puisque c'est la vapeur d'eau, selon les physiciens, qui forme obstacle au rayonnement de la chaleur émanée d'une source non incandescente. Mais ce qui ôte à nos yeux une grande probabilité à cette hypothèse, c'est que l'évaporation dont parle Herschel devrait donner naissance à des nuages tout au moins dans les régions situées vers les limites de la lumière et de l'ombre, c'est-à-dire pendant les matinées et les soirées lunaires. On sait que rien de pareil n'a jamais été observé.

Pour terminer ce que nous avons à dire des températures lunaires et de leurs variations, considérées jusqu'ici dans le seul intervalle d'une révolution autour de la Terre, voyons ce que sont ces même variations dans le cours d'une année terrestre. La Lune, accompagnant sans cesse notre planète, ses distances au Soleil varient comme les distances de la Terre elle-même, c'est-à-dire à peu près dans le rapport des nombres 1,019 à 0,980. L'intensité de la chaleur solaire variera donc en sens inverse des carrés de ces nombres ; de sorte que si on représente cette intensité par le nombre 1000 à la distance moyenne, elle sera 1038 à la distance maximum ou aphélie, et 960 seulement à la distance minimum ou périhélie. C'est une différence en plus et en moins de $\frac{1}{26}$ à peu près, quantité très-appréciable et très-sensible.

XX

LA LUNE EST-ELLE HABITÉE?

Végétation, habitabilité. — Examen des conditions nécessaires à l'existence des êtres organisés à la surface de la
Lune.

Y a-t-il sur la Lune des végétaux, des animaux,
des hommes? En un mot, la Lune est-elle habitée?
Voilà des questions que la curiosité humaine agite depuis longtemps, et que nous ne manquons jamais de
nous faire toutes les fois que notre imagination et
notre pensée nous transportent sur l'un quelconque
des corps célestes dont la voûte étoilée resplendit.

La réponse est ordinairement bien difficile, tant
qu'on ne veut point sortir du terrain solide de l'observation et des faits Sans doute, quand on envisage
le problème dans sa généralité, et d'un point de vue
tout philosophique, il paraît infiniment probable que
la Terre n'est pas la seule planète de notre monde
où les conditions propres au développement de la vie
végétale ou animale se rencontrent. A plus forte raison, devons-nous croire que les soleils parsemés
dans l'étendue infinie et qui sont les foyers d'autant
de mondes planétaires, invisibles à de si grandes dis-

tances, ne répandent pas en vain sur leurs satellites
la chaleur et la lumière : notre raison se refuse à imaginer le silence de la mort, là où les principaux mo-
teurs de la vie nous apparaissent en pleine activité et
s'épanouissent avec une si merveilleuse profusion.
En définitive, il nous est impossible de concevoir l'u-
nivers autrement que comme un harmonieux ensemble
où se groupent en nombre infini des foyers de vie et
de puissance.

Mais nous savons aussi que si les lois de la nature
ont un caractère indéniable d'universalité et d'unité,
eurs manifestations sont indéfiniment variées. L'hi-
toire même de la Terre nous montre qu'elle n'a pas
toujours été le séjour de la vie, qu'avant les périodes
où ont apparu à sa surface les premières ébauches
de l'organisation, d'autres époques se sont écoulées
où les conditions nécessaires à l'apparition des plus
simples organismes n'existaient point encore; qu'a-
lors, en un mot, la Terre n'était point habitée. Peut-
être que, sans quitter notre monde solaire, nous trou-
verions des planètes qui ne sont pas encore sorties de
leur état embryonnaire, et où la vie n'a point encore
fait son éclosion. Enfin, il est possible aussi que des
révolutions dont nous n'avons aucune idée, aient détruit, sur tel ou tel globe, tous les êtres animés, ou
même qu'une planète ait été, dès l'origine, tellement
constituée que la vie végétale ou animale soit à jamais
impossible sur sa surface.

Toutes ces hypothèses nous semblent également
vraisemblables; mais ce ne sont que des hypothèses,
et l'on pourrait longtemps raisonner sur des idées
aussi vagues, sans en tirer jamais que de vagues et

arbitraires conséquences. C'est à cela qu'il faudra se
résigner pour les planètes inconnues des autres
systèmes, peut-être même pour plusieurs des corps
célestes de notre monde; mais il est permis d'espérer
qu'on arrivera à résoudre la question d'une manière
positive, en ce qui concerne notre satellite, trop voisin de nous pour échapper à des investigations décisives.

Voyons ce qu'on sait déjà ou ce que l'on a conjec-
turé sur l'existence d'êtres animés à la surface du sol
lunaire.

Les conjectures n'ont pas manqué : de tout temps,
il s'est trouvé des gens qui ont donné des habitants
à la Lune; ils les ont nommés naturellement des
Sélénites (de σελήνη qui, en grec, veut dire *lune*). Mais
on n'avait pas d'autres raisons que les analogies que
présentent la Lune et la Terre au point de vue astronomique, et l'on se hâtait de les étendre à tous les
autres phénomènes physiques. Il n'y a pas plus d'un
siècle qu'un des plus savants astronomes de l'époque
reproduisait d'après l'Encyclopédie anglaise les lignes
suivantes :

« La Lune est à tous égards un corps semblable à
la Terre, et qui paraît propre aux mêmes fins : en
effet, nous avons fait voir qu'elle est dense, opaque,
qu'elle a des montagnes et des vallées; selon plusieurs
auteurs, *elle a des mers, avec des îles*, des péninsules,
des rochers et des promontoires; *une atmosphère chan-
geante* où les vapeurs et les exhalaisons peuvent s'élever pour y retomber ensuite; enfin, elle a un jour et
une nuit, un Soleil pour éclairer l'un, et une *Lune* (la

Terre) pour éclairer l'autre, un été et un hiver, etc.
On peut encore conclure de là, par analogie, une in-
finité d'autres propriétés dans la Lune. Les changements auxquels son atmosphère est sujette doivent
produire *des vents et d'autres météores*, et, suivant les
différentes saisons de l'année, *des pluies, des brouillards, de la gelée, de la neige*, etc. Les inégalités de la
surface de la Lune doivent produire de leur côté des
lacs, des *rivières*, des *sources*, etc.

« Or, comme nous savons que la nature ne produit
rien en vain, que les pluies et les rosées tombent sur
notre terre pour faire végéter les plantes, et que les
plantes prennent racines, croissent et produisent des
semences pour nourrir des animaux ; comme nous
savons d'ailleurs que la nature est uniforme et constante dans ses procédés, que les mêmes choses servent
aux mêmes fins : pourquoi ne conclurions-nous pas
qu'il y a des plantes et des animaux dans la Lune? A
quoi bon, sans cela, cet appareil de provisions qui
paraît si bien leur être destiné? »

(*Encyclopédie*, art. LUNE.)

Nous n'avons rien à dire sur la valeur du raison-
nement en lui-même, qui tire toute sa puissance du
principe des causes finales, généralement abandonné
aujourd'hui par les savants; mais il est bien évident
que les données sont loin d'être incontestables. Nous
avons dit pourquoi les astronomes ne croient plus ni
à l'existence de masses liquides, ni à celle d'une enveloppe gazeuse, composée soit de vapeur d'eau, soit
d'air atmosphérique, et comment il en résulte l'im-

11

possibilité de tous les phénomènes météoriques dont
on vient de lire l'énumération.

Quelles sont, sur la Terre du moins, les conditions
premières indispensables à la vie? L'eau, l'air, une
certaine température.

Or, s'il n'est pas rigoureusement prouvé que la
Lune soit totalement privée d'atmosphère, il est du
moins certain que sa densité est extrêmement faible,
comparée à la densité de l'atmosphère de la Terre.
Toutefois, si rare soit-elle, elle pourrait suffire à
fournir aux végétaux les éléments gazeux qu'exigent
leur nutrition et leurs développements. Mais nous
n'avons aucune idée d'un organisme animal susceptible de vivre au sein d'un milieu analogue à l'air
qui reste sous la cloche de nos machines pneumatiques, quand la pression n'y est plus que de quelques millimètres. Veut-on que les couches inférieures
de l'atmosphère supposée soient assez denses pour
permettre à des animaux d'y vivre, voilà les habitants
de la Lune réduits à habiter le fond des cratères, en
groupes séparés les uns des autres par des aspérités
infranchissables. L'eau n'existe pas non plus à la
surface de la Lune; nous en avons vu deux raisons
concluantes : d'abord la nullité ou la faiblesse de la
pression atmosphérique grâce à laquelle tout liquide
s'y réduirait spontanément en vapeur, puis, l'intensité
prolongée d'une température torride qui dessécherait
le sol à chaque lunaison. Avons-nous l'idée d'êtres
organisés dont les tissus ne pourraient ni conserver,
ni renouveler leur provision d'humidité? Sur notre
Terre, sans doute, on voit la végétation se développer
avec une étonnante puissance dans les climats les

plus chauds de la zone torride; mais c'est à un mélange d'humidité et de chaleur qu'elle doit un tel développement : la végétation cesse presque complète-
ment là où la sécheresse et la chaleur se trouvent
combinées. Enfin, la vie disparaît, même dans les régions où l'air et l'eau sont en quantité certainement
bien supérieure à ce que possède notre satellite, quand
l'altitude est suffisante pour produire une température glaciale analogue à celle de nos climats polaires
ou des régions alpestres.

Or, une telle température règne certainement sur
la Lune, pendant sa longue nuit de quinze jours terrestres. Comment les êtres vivants peuvent-ils résister
à ces alternatives d'une chaleur et d'un froid exces-
sifs? D'ailleurs on sait que c'est le règne végétal, qui,
directement ou indirectement, fournit aux animaux
les éléments assimilables nécessaires à leur existence ;
de sorte que la première question à résoudre serait
de savoir si la constitution physique de la Lune est
propre à la végétation. Nous venons de voir combien
cette constitution semble défavorable, sous le rapport des trois éléments les plus indipensables : l'air,
l'eau et le degré de la température.

Ajoutons que le sol lui-même ne paraît pas propre
à favoriser le développement du règne végétal. Sa
nature éminemment volcanique, l'absence de terrains
analogues aux formations tertiaires et sédimentaires
du globe terrestre, sauf peut-être dans les grandes
plaines nues, appelées mers, a fait assimiler l'état actuel de la Lune aux époques géologiques primitives ;
et l'on sait que les végétaux n'ont apparu sur notre
globe que dans les époques ultérieures, alors que les

agents atmosphériques, en désagrégeant les roches, eurent rendu le sol apte à la production et à la vie des premiers organismes.

Voilà donc bien des probabilités contre la possibilité de l'existence d'êtres vivants sur la Lune ? Devons-nous y voir une impossibilité absolue ? Non, sans doute : seulement, il nous reste à imaginer des conditions de vitalité différentes de celles que nous connaissons, c'est-à-dire à rentrer dans l'hypothèse pure.

On a cherché à résoudre de bien d'autres manières la question si intéressante de l'habitabilité de la Lune, je veux dire par l'observation directe. A-t-on mieux réussi ? Le télescope permet-il de voir à la surface de la Lune, assez distinctement, des objets aussi petits que des êtres animés ? C'est ce dont on va juger.

On a beaucoup parlé des grands télescopes ou des puissantes lunettes permettant des grossissements fabuleux, par exemple de 6000 diamètres. Pour l'observation de la Lune, des grossissements aussi considérables sont tout simplement impossibles, et cela pour plusieurs raisons. Il ne faut pas oublier qu'avec un accroissement dans la puissance, on obtient une diminution plus que proportionnelle dans l'intensité de la lumière de l'objet observé, quand cet objet, comme la Lune, n'est pas lumineux par lui-même. De là, une limite au grossissement pour un même instrument. De plus, l'atmosphère terrestre n'est jamais assez calme pour permettre l'emploi d'instruments très-puissants, et les images ondulantes mal terminées ôtent toute netteté à la vision.

Ainsi, dans l'état actuel de l'optique appliquée, on ne peut utiliser pour l'observation de la Lune ce gros-

sissement de 6000 diamètres, qui nous ferait voir
l'astre comme s'il n'était plus qu'à une distance de
16 lieues. Il faut se contenter de grossissements de
1100 à 1200 fois qui mettent, dans le cas de la distance minimum, les parties centrales du disque lunaire à 80 ou au plus à 73 lieues de notre œil.

Avec un instrument assez parfait pour permettre
l'emploi du plus fort de ces grossissements, on peut
apercevoir un objet de 400 mètres de diamètre. La
plus haute des pyramides d'Égypte serait donc encore
invisible. En supposant qu'on arrive au grossissement
de 6000, on ne pourrait encore apercevoir que des
objets présentant au moins 80 mètres de diamètre

Il ne faut donc pas espérer qu'on puisse de sitôt, en
observant la Lune, y reconnaître des êtres vivants,
animaux ou végétaux. De vastes forêts seraient certainement visibles, mais comme des taches sombres
et peu définies : c'est à la couleur seule qu'on pourrait
juger de leur existence.

A-t-on vu, sur le disque lunaire, des colorations qui
fassent croire à l'existence de végétations couvrant
de grands espaces?

Plusieurs observateurs s'accordent à dire qu'indépendamment des inégalités d'éclat que présentent les
diverses régions lunaires, il se trouve aussi, en divers
points, des différences de teinte.

Indiquons les principales.

La Mer des Crises est d'une couleur grise, mélangée
de vert sombre, selon Beer et Mædler. D'après Webb,
c'est pendant la pleine Lune que se montre cette
teinte verdâtre. La Mer de la Sérénité est de couleur
vert clair; et la Mer des Humeurs offre distincte-

ment la même teinte, entourée d'une étroite bordure
grisâtre.

Ces couleurs seraient-elles, comme Arago inclinait
à le penser, de simples effets de contraste, provenant
de l'opposition de la lumière éclatante et légèrement
jaune des parties brillantes du disque avec la faible
lumière des taches sombres? S'il en était ainsi, pourquoi la couleur verte ne serait-elle pas commune à
toutes les plaines, ou du moins aux parties qui avoisinent les régions montagneuses? Les Mers de la Fécondité, de Nectar, des Nuées seraient admirablement
situées pour présenter le même effet de coloration
par contraste, et cependant l'observation ne dit rien
à leur égard.

Ce qui paraît établir du reste le fait d'une coloration
réelle, c'est que d'autres endroits semblent rou-
geâtres. Le cratère Lichtenberg, dans le voisinage des
monts Hercyniens et du bord nord-ouest, offre cette
teinte, et le Marais du Sommeil est d'un jaune qui
tire sur le brun.

Vitruve, cratère dont l'intérieur est très-sombre, est
entouré d'une région colorée de bleu pâle. Enfin,
« les plaines circulaires, dont le centre n'est point occupé par des montagnes, sont la plupart d'un gris
foncé tirant sur le bleu, et qui ressemble à l'éclat de
l'acier. » Humboldt, en rapportant ces derniers faits,
ajoute que « les causes de ces tons différents sur un
sol formé de rochers ou couvert de substances meu-
bles sont tout à fait inconnues. » On ignore, en effet,
si ce sont les roches elles-mêmes qui sont ainsi co-
lorées, ce qui n'aurait rien que de très-naturel; ou
si ces teintes sont dues à telle ou telle incidence lumi-

neuse; enfin, s'il ne s'agit point, comme on le sup-
posa d'abord, d'espaces recouverts par la végétation,
forêts ou prairies.

Sans doute, cette dernière hypothèse paraîtrait
vraisemblable, si les raisons qui font croire à la pri-
vation absolue d'air et d'eau du sol de la Lune, ne
rendaient bien hypothétiques l'existence d'êtres organisés à sa surface.

CHAPITRE V.

LES MOUVEMENTS DE LA LUNE.

———

XXI

RÉVOLUTION DE LA LUNE AUTOUR DE LA TERRE.

Différence entre la durée d'une lunaison et celle de la révolution de la Lune. — Distances de la Terre. — Dimensions de l'orbite et vitesse de la Lune. — Forme réelle de
la courbe décrite dans l'espace par notre satellite.

Que nous ont appris les phases de la Lune, et leur
succession dans des périodes égales d'environ 29
jours et demi?

C'est que la Lune se meut dans l'espace autour
de la Terre, d'occident en orient, et qu'au bout d'une
lunaison, elle se retrouve dans la même position, relativement à la Terre et au Soleil, considérés comme
fixes. Si la Terre était réellement immobile, la durée
de la révolution lunaire serait donc celle de la lunaison, c'est-à-dire, de 29 jours, 12 heures, 44 minutes, 3 secondes.

Mais pendant que la Lune décrit son orbite, la
Terre elle-même décrit la sienne autour du Soleil, ou
du moins en décrit une portion qui, évaluée en arc,
est d'environ 29 degrés. Et comme le sens des deux
mouvements est identique, il en résulte la conséquence évidente que la Lune a effectué une révolution entière avant que la lunaison soit entièrement

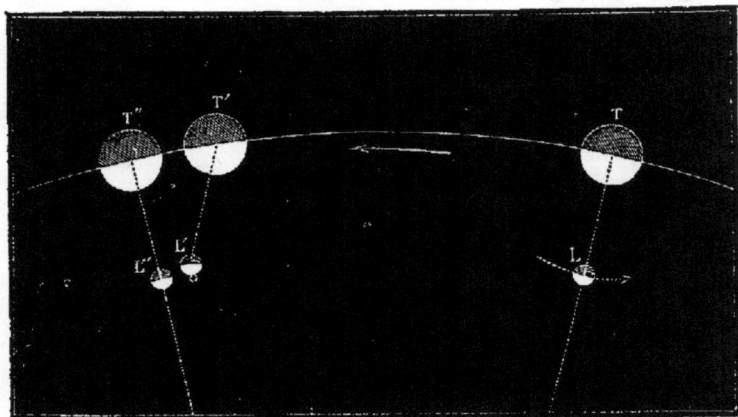

Fig. 40. Différence entre la durée de la lunaison et celle de la ré
volution de la Lune autour de la Terre.

accomplie. C'est ce que fait voir la figure ci-jointe :

La Lune, partie de la position L, époque de la conjonction, arrive en L', point où sa révolution est ter-
minée[1], avant d'atteindre la position L", où elle sera de
nouveau en conjonction. Or, de L' en L", il lui restait à parcourir un arc d'environ 29°, c'est-à-dire

1. Pour bien comprendre la différence que nous signalons, il
faut se faire une idée nette de l'indépendance de deux mouvements
qui sont simultanés. Si la Terre était immobile, la Lune aurait
terminé sa révolution au moment où elle reviendrait au point L.
Or, pendant ce temps la Terre s'est déplacée et la Lune avec elle,
de sorte que le point L est venu se placer en L', dans une direc-

égal à l'arc parcouru par la Terre pendant la durée même de sa révolution. Cette durée est donc moindre que celle de la lunaison, et un calcul facile montre qu'elle est de 27 jours, 7 heures, 43 minutes, 5 secondes.

Maintenant quelle est la forme précise de la courbe décrite par la Lune ? C'est là une question que les astronomes ont résolue en mesurant les dimensions apparentes du disque lunaire, pendant toute la durée de la période. Si ces dimensions rapportées au centre de la Terre étaient restées constantes, c'est que la distance de la Lune n'aurait point varié : d'où l'on aurait conclu qu'elle se meut dans une orbite circulaire. Il n'en est rien : ces dimensions varient, et en calculant les variations correspondantes de la distance, on a reconnu que la courbe a la forme d'une ellipse, et que la Terre occupe l'un des foyers.

Pour donner une idée de la forme réelle de l'ellipse lunaire, c'est-à-dire de son allongement ou encore de la quantité dont elle diffère d'un cercle, voici les nombres qui mesurent les distances extrêmes et la distance moyenne de la Terre à la Lune, la distance moyenne étant prise pour unité :

Distance maximum ou apogée... .... 1.0549
Distance moyenne   — 1.0000
Distance minimum ou périgée........... 0.9451

Ces nombres n'indiquent que les distances relatives ; mais on a calculé aussi leurs valeurs réelles

tion T'L' parallèle à la ligne TL. Mais ce point L' n'est plus dans la direction du Soleil, de sorte que la Nouvelle Lune arrive un peu plus tard, quand l'astre s'est avancé jusqu'en L'', dans la direction qui, de la Terre, irait aboutir au Soleil.

qui peuvent alors s'exprimer soit en rayons de la Terre, soit en kilomètres ou en lieues. La méthode employée pour résoudre ce problème si intéressant de la distance réelle des astres ne peut trouver place ici ; mais nous en avons donné ailleurs une idée assez précise pour qu'on en puisse aisément comprendre l'esprit (1).

La plus grande distance de la Lune à la Terre s'élève à 64 fois environ le rayon équatorial de notre planète (plus exactement 63.583); tandis qu'à l'époque du périgée ou de sa moindre distance, elle n'est plus éloignée de nous que de 57 rayons de la Terre (56.964). Enfin la moyenne distance de notre satellite est de 60 rayons 1/4 (60.273), c'est-à-dire à peu près égale à la 385ᵉ partie de la distance de la Terre au Soleil, laquelle est, comme on sait, d'environ 23 200 rayons terrestres.

Entre la Terre et la Lune, ou mieux, entre le centre de la Terre et le point de la Lune le plus rapproché de nous, il faudrait placer un chapelet de 30 globes égaux au globe terrestre, bout à bout et en ligne droite, pour remplir l'intervalle qui sépare la planète de son satellite, au moment où ce dernier se trouve à sa moyenne distance. Il faudrait 110 globes lunaires pour combler le même espace.

Traduisons maintenant ces distances en kilomètres ou en lieues.

Les centres de la Terre et de la Lune sont à une distance de 405 457 kilomètres ou 101 364 lieues à l'apogée ; au périgée de 363 249 k. ou 90 812 lieues,

---

1. Voir la troisième partie de notre ouvrage LE CIEL.

et enfin à l'époque de la moyenne distance, l'intervalle des centres mesure 384 353 kilomètres c'est-à-dire 96 088 lieues.

Il est bien clair qu'il faudrait retrancher de tous ces nombres les deux rayons de la Lune et de la Terre, si l'on voulait avoir les distances des deux points les plus voisins des surfaces des deux globes. Alors les nombres précédents se réduisent aux nombres que voici :

Distance apogée	397 343^k	ou	99 336	lieues
—	périgée	355 135	»	88 784	—
—	moyenne	376 239	»	94 059	—

94 000 lieues ! Ce n'est pas neuf fois et demie la circonférence entière de la Terre. On trouverait sans doute des marins qui, dans le cours de leurs voyages, ont parcouru un chemin aussi long, chemin que les trains express de nos voies ferrées franchiraient certainement en moins de trois cents jours.

Supposons que l'espace qui sépare la Lune de la Terre soit entièrement rempli d'air, de manière à permettre au son de se propager d'un globe à l'autre. Si, à l'époque de la pleine Lune, une éruption volcanique avait lieu à la surface de notre satellite, le bruit de l'explosion ne nous parviendrait que 13 jours, 8 heures après l'événement, de sorte que nous n'en serions avertis qu'à peu près à la nouvelle Lune suivante. Le calcul suppose que la température de l'espace serait de 0°. Il faudrait un peu moins de temps, 8 a 9 jours environ, à un boulet de canon pour franchir la même distance, en supposant qu'il conservât sa vitesse constante de 500 mètres à la seconde. La lumière enfin, le plus rapide de tous les mouvements, bondit de la Lune à la Terre en 1 seconde 1/4.

Dans ces comparaisons familières, propres à fixer dans la mémoire et dans l'imagination, des distances que l'esprit a tant de peine à se figurer exactement, il ne s'agit que de mobiles à vitesses constantes. On pourrait aussi calculer le temps que mettrait un corps à tomber du centre de la Lune au centre de la Terre, ou ce qui revient au même, le temps que mettrait la Lune à se réunir à notre planète, si la force tangentielle qui, combinée avec la pesanteur, lui fait décrire son orbite, venait à être subitement anéantie. Au bout de 6 jours 5 heures 40 minutes et 13 secondes, la catastrophe, dont nous n'avons pas besoin de décrire les épouvantables conséquences, serait consommée.

La Terre étant supposée immobile dans l'espace, la Lune décrit autour d'elle une ellipse dont le développement est de 2 413 175 kilomètres ou de 603 543 lieues; la vitesse avec laquelle elle parcourt cette courbe est variable, mais en moyenne elle est de 1 022 mètres par seconde.

En réalité l'orbite lunaire est beaucoup plus compliquée, puisque notre planète en se mouvant autour du Soleil, entraîne la Lune avec elle dans l'espace. C'est ainsi qu'une personne, placée sur le pont d'un navire en marche, en tournant autour du mât croit se mouvoir dans un cercle, tandis que la ligne qu'elle décrit à la surface de la mer est une courbe sinueuse, dont la forme est analogue à celle de l'orbite réelle de la Lune. En réalité, le chemin que parcourt alors cette personne est encore plus compliqué, et pour en

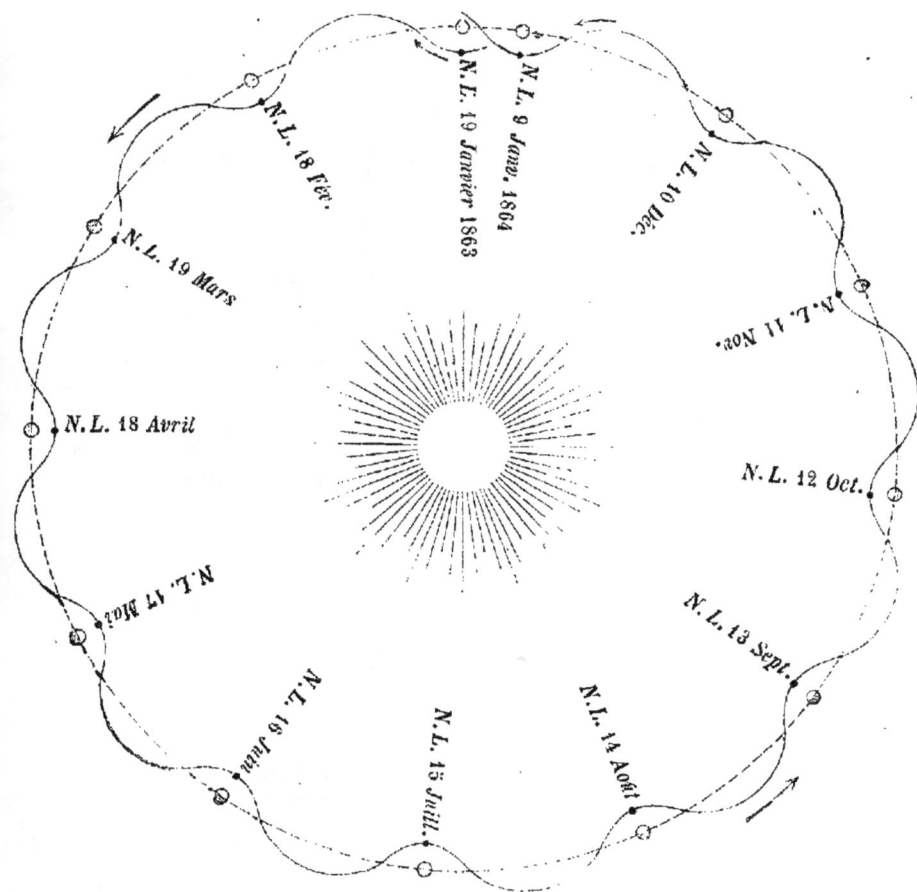

Fig. 41. Courbe décrite en une année par la Lune
autour de la Terre.

dessiner la véritable forme, il faudrait tenir compte à
la fois de son propre mouvement, du mouvement du
navire sur la mer, et du double mouvement de rotation et de révolution de la Terre elle-même. On verra
plus tard que le Soleil se meut aussi dans l'espace, en-

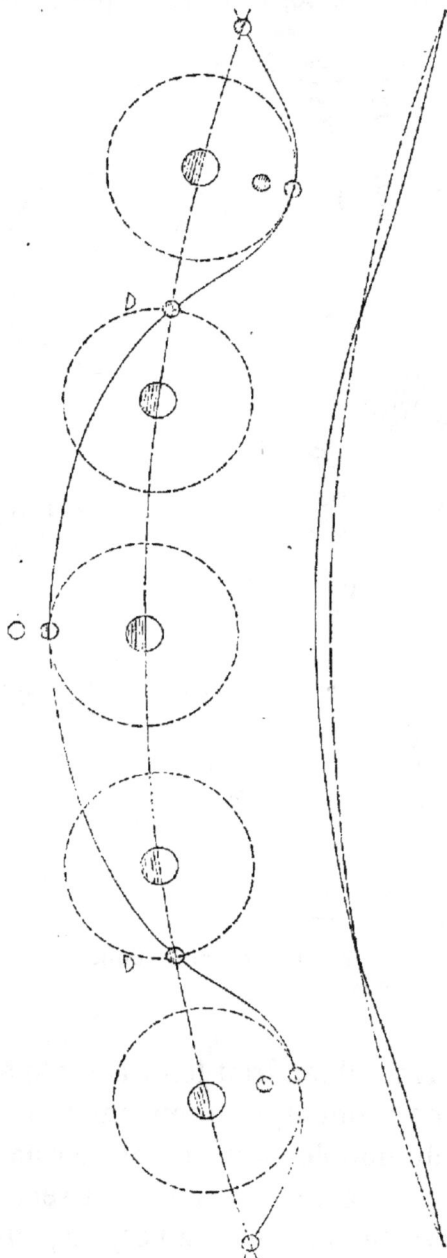

Fig. 42. Forme sinueuse de l'orbite lunaire ; 1° amplifiée ; 2° réduite à ses vraies dimensions.

traînant avec lui la Terre, les autres planètes et leurs satellites, d'où résultent, pour les **orbites** de tous ces corps, des formes sinueuses dont le degré de complexité varie avec le nombre des mouvements divers dont ils sont animés.

La figure 42 donnera une idée de la courbe sinueuse que décrit la Lune, pourvu qu'on y rétablisse par la pensée les proportions vraies des distances de la Terre à la Lune et du Soleil à la Terre.

En outre, la courbe ci-dessus paraît, tantôt convexe, tantôt concave du côté du Soleil; en réalité, elle est toujours concave.

Enfin, la Lune n'est pas toujours située dans le plan de l'écliptique, ou de l'orbite terrestre. Le plan de sa propre orbite est incliné d'une façon à peu près constante sur le premier (de 5° 9′ environ). Il en résulte que notre satellite est tantôt au-dessus, tantôt au-dessous du plan de la figure, par lequel il passe deux fois par révolution. Chacune de ces deux positions particulières se nomme un *nœud;* c'est le *nœud ascendant*, quand la Lune passe du sud au nord, et le *nœud descendant*, lorsqu'elle passe du nord au sud de l'écliptique.

Deux nœuds consécutifs n'occupent pas sur l'ellipse lunaire des positions diamétralement opposées, et ces positions varient elles-mêmes d'une révolution à l'autre. Ce n'est qu'après un intervalle de dix-huit ans et huit mois que les nœuds se retrouvent dans les mêmes situations relatives. C'est là une des raisons qui empêchent les éclipses de Soleil et de Lune de se renouveler à chaque lunaison.

Le mouvement de la Lune offre bien d'autres inégalités, qu'on est parvenu à reconnaître et qui en rendent l'étude extrêmement compliquée. Cette étude même eût été impossible, si la théorie de la gravitation universelle, en permettant de démêler les causes de ces inégalités, n'avaient rendu les observations comparables aux résultats du calcul. Mais on comprendra qu'il nous est impossible, dans cet ouvrage, d'aborder même indirectement des questions aussi ardues.

XXII

LES MOUVEMENTS DE LA LUNE. ROTATION.

Égalité de durée des deux mouvements de rotation et de révolution de la Lune. — Pôles et équateurs lunaires.

La Terre tourne sur elle-même dans l'intervalle d'un jour sidéral : le mouvement diurne des étoiles et des autres astres d'Orient en Occident témoigne à nos yeux de la réalité de sa rotation en sens inverse. Les taches du Soleil, celles qu'on aperçoit sur le disque de la planète Mars, sur celui de Jupiter, les échancrures des croissants de Mercure et de Vénus ont depuis longtemps montré que tous ces astres sont aussi soumis à des mouvements du même genre, qui s'effectuent dans le même sens, mais dont les périodes sont de durées fort différentes.

La Lune n'échappe pas à cette loi qui semble commune à tous les corps célestes. En même temps qu'elle effectue autour de la Terre sa révolution mensuelle, elle tourne aussi sur elle-même autour d'un axe invariable ; et, circonstance singulière, la durée de sa rotation est précisément égale à celle de son mouvement de révolution. Comme la Terre, la Lune a donc des pôles, un équateur, des cercles méridiens et parallèles.

De là, les phénomènes que nous avons étudiés déjà, et qui font que chaque point du globe lunaire possède une nuit et un jour, selon que la lumière du Soleil le laisse plongé dans l'ombre ou l'illumine de ses rayons. Comme sur la Terre, il y a lieu de distinguer sur la Lune deux jours différents inégaux en durée : le jour *sidéral*, qui s'écoule entre deux rotations successives et dont la durée est de 27 jours 7 heures 43 minutes et 11 secondes ; et le jour solaire, intervalle compris entre deux retours du Soleil au même méridien, et dont la durée égale celle d'une lunaison entière, c'est-à-dire, de 29 jours, 12 heures, 44 minutes, 3 secondes.

La différence entre le jour sidéral lunaire et le jour solaire, on le voit, s'élève à 53 heures, 51 minutes ; tandis que le jour sidéral et le jour solaire terrestre ne diffèrent pas de 4 minutes (3^m 56^s). La cause est cependant la même et se trouve tout entière dans cette circonstance, que chacun des deux astres, Terre et Lune, en même temps qu'il tourne sur lui-même, est emporté dans l'espace et décrit un arc autour du Soleil. Mais la durée réelle de la rotation de la Lune étant plus de 27 fois aussi grande que celle de la rotation terrestre, il en résulte pour les différences des jours sidéraux et solaires des deux astres une inégalité doublement proportionnelle.

Comment se manifeste à nos yeux le mouvement de rotation de la Lune? Voit-on, sur son disque, les taches se mouvoir d'un bord à l'autre, comme il arrive pour les taches du Soleil, et celles des autres planètes? Non pas; nous savons au contraire que la Lune présente toujours la même face à la Terre, abstraction faite des légères oscillations périodiques qui découvrent, tantôt au nord et au sud, tantôt à l'ouest et à l'est, certaines régions de l'hémisphère invisible.

Il semblerait donc, au premier abord, que la Lune ne tourne pas sur elle-même, et qu'à la différence des autres astres, elle est privée de tout mouvement de rotation. C'est en effet ce qu'on a prétendu; c'est ce que prétendent encore quelques savants[1] qui ne se rendent pas bien compte des conditions géométriques de la question.

Sans doute, si la Lune et la Terre formaient un système immobile dans l'espace, et si la première n'avait pas de mouvement de translation autour de la seconde, la rotation de la Lune se manifesterait par un déplacement d'ensemble de ses taches que nous verrions se mouvoir parallèlement sur son disque. Sans doute aussi, la permanence de la même face serait un indice évident de son immobilité, de l'absence de tout mouvement de rotation. Mais d'une part, la Terre se meut autour du Soleil, entraînant la Lune avec elle; et d'autre part, celle-ci effectue de continuelles révolutions autour de notre planète.

Dans ces conditions, la rotation de la Lune est une

1. Une revue scientifique anglaise *The astronomical register* a publié sur ce sujet, dans ses numéros de 1864, une série d'articles où les arguments pour ou contre la rotation lunaire ont été largement développés en vers et en prose. La discussion, *The moon controversy*, menaçant de devenir interminable, l'éditeur s'est vu dans la nécessité de couper court à la tenacité toute britannique des interlocuteurs.

conséquence même du fait qui lui semble contraire, de la permanence de ses taches visibles, et cette permanence ne prouve qu'une chose, à savoir que la durée de la révolution et la durée de la rotation sont rigoureusement égales.

Qu'est-ce en effet, qu'un mouvement de rotation? Comment reconnaît-on qu'un corps, une sphère, par exemple, a exécuté autour d'un de ses diamètres une rotation entière?

Évidemment, lorsque la sphère a présenté successivement l'une de ses faces à tous les points de l'es-

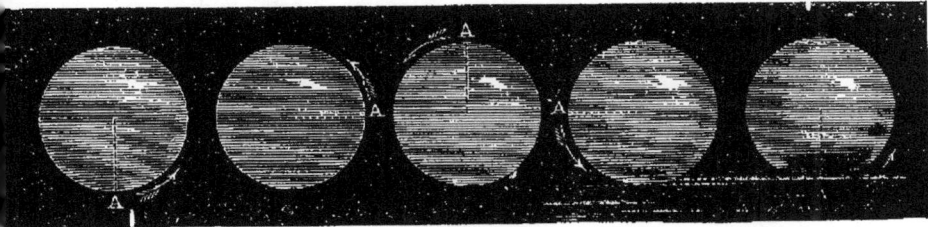

Fig. 43. Mouvement de rotation d'une sphère supposée immobile.

pace qui l'entoure. Si l'on divise la rotation entière en quatre périodes, la figure 43 montre comment la sphère se présenterait, au début de chacune de ces périodes, à un observateur immobile.

Or, que la sphère, pendant le temps précis qu'elle met à effectuer cette rotation autour d'un axe, exécute un mouvement de révolution autour de l'observateur immobile ou non, il n'en est pas moins évident que la rotation entière se sera effectuée si la face dont le point A forme le centre apparent s'est successivement montrée à toutes les régions de l'espace. Or, tel est précisément le cas de la Lune, après qu'elle a effectué une révolution complète sur son or-

bite. La comparaison des figures 43 et 44 le démontre
sans réplique. On voit dans la seconde le point A
marquer le centre du disque lunaire tourné vers
nous, à l'époque de la pleine Lune, prendre les
mêmes positions aux phases successives que le point
A de la première figure, jusqu'à l'époque de la pleine
Lune suivante; et cela sans cesser d'être le point
central du disque par rapport à la Terre.

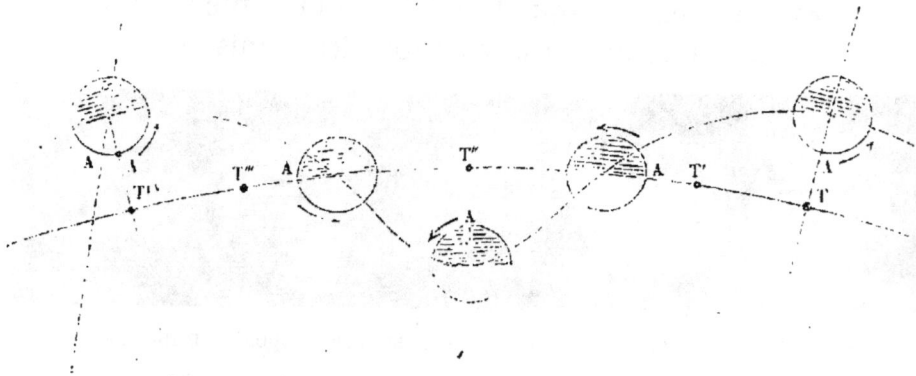

Fig. 44. Mouvement de rotation de la Lune.

La figure 44 prouve aussi que la rotation complète est effectuée avant que la lunaison soit intégra-
lement achevée, ce qui explique la durée de 27
jours 1/3 assignée à la rotation et à la révolution lunaires, au lieu des 29 jours 1/2 nécessaires pour ramener notre satellite à la même phase.

En comparant la durée de la rotation lunaire à
celle de la Terre, on trouve que la première est 27
fois et 4 dixièmes environ aussi grande que la seconde. Cette lenteur explique parfaitement comment
il se fait qu'on n'a pu constater d'aplatissement sen-

sible aux pôles de la Lune, puisque c'est la force cen-
trifuge développée par le mouvement de rotation qui
est la cause du renflement équatorial des corps célestes.

La vitesse angulaire est la même pour tous les
points d'un globe qui tourne autour d'un axe; mais
le chemin décrit par chacun d'eux dépend de sa plus
ou moins grande distance à l'axe : nulle aux deux
pôles, elle va en croissant à mesure que les points
ont une plus faible latitude, jusqu'à l'équateur où
elle atteint sa plus grande valeur. Un point de l'équateur lunaire ne parcourt ainsi que 16 kilomètres
650 mètres par heure; c'est-à-dire 4m 6 environ par
seconde. C'est une vitesse 100 fois moindre que celle
d'un point de l'équateur de la Terre, laquelle est de
464 mètres.

Comme la vitesse de translation de la Lune dans
son orbite est de 1022 mètres par seconde, plus de
200 fois supérieure à sa vitesse de rotation, il en résulte que la Lune glisse dans l'espace « comme une
roue enrayée par un point se déplaçant lentement
sur la circonférence, » selon l'expression de M. Saigey.

Mais il ne faut pas oublier, si l'on veut avoir une
idée juste du mouvement de la Lune dans le ciel,
qu'elle participe en même temps au mouvement qui
entraîne la Terre autour du Soleil. Sa vitesse effec-
tive est donc tantôt égale à celle de notre planète
(près de 30 kilomètres par seconde), tantôt supérieure, tantôt un peu plus faible, selon les directions
relatives des deux mouvements.

L'axe de rotation de la Lune est presque perpendiculaire au plan de son orbite ; mais comme ce plan

ne coïncide pas avec celui de l'orbite terrestre (il forme avec lui un angle de 5° 8′), il en résulte que, suivant les positions relatives des deux astres nous apercevons tantôt le pôle nord, tantôt le pôle sud du globe lunaire. Le pôle boréal est un peu au delà d'un cratère appelé Gioja; et le pôle austral occupe une position très-voisine des monts Dœrfel qui s'étendent un peu à l'est de ce point. Enfin le méridien moyen, qui donne la direction de l'axe polaire, traverse le disque suivant une ligne qui ne s'écarte jamais beaucoup pour la Terre d'une ligne droite, laissant Tycho à l'est, rasant le rempart occidental de Ptolémée, traversant le golfe du Centre, coupant les Apennins, les Alpes, et la mer de Froid, à peu de distance du cirque toujours sombre de Platon.

Quant à l'équateur de la Lune, sa position est déterminée par un diamètre perpendiculaire à la ligne des pôles : partant, au bord oriental, du cratère Riccioli, l'équateur traverse l'Océan des Tempêtes et la Mer des Nuées, en laissant un peu au nord les cirques rayonnants de Copernic et de Képler, passe comme la ligne des pôles par le Golfe du Centre, sépare la Mer de la Tranquillité de celle du Nectar, et se termine à l'ouest dans la Mer de la Fécondité.

XXIII

FORME ET DIMENSIONS DU GLOBE LUNAIRE.

Aplatissement insensible. — Forme allongée vers la Terre
— Dimensions comparées de la Terre et de la Lune. —
Masse et densité. — Pesanteur à la surface.

La Lune a la forme d'une sphère, dont nous n'a-
percevons qu'un peu plus de la moitié. Cela résulte,
nous l'avons vu plus haut, de l'apparence constamment circulaire de son disque, et de la forme elliptique de la ligne qui sépare les régions plongées
dans l'ombre de celles qui reçoivent la lumière solaire. Tous les diamètres du disque sont d'égale grandeur, sauf les faibles inégalités qui proviennent des
dentelures produites sur les bords par les profils des
montagnes. Le globe lunaire n'est donc pas aplati,
comme l'est notre globe à ses deux pôles de rotation;
ou, s'il l'est, c'est d'une manière insensible et inappréciable pour nous. Que la Lune, comme la Terre,
ait été fluide à l'origine, c'est une hypothèse d'une
grande probabilité, mais la faible vitesse de son
mouvement de rotation explique suffisamment comment il se fait qu'elle n'a point la forme d'un ellipsoïde renflé à son équateur.

Il paraît cependant certain que le globe de la Lune n'est pas rigoureusement sphérique : l'attraction de la Terre a dû l'allonger dans la direction du centre de notre globe, de sorte que son plus grand diamètre est toujours tourné vers nous. C'est à cette circonstance, qui est du reste une conséquence des lois de la pesanteur, que Laplace attribue la parfaite égalité des deux mouvements de rotation et de révolution de

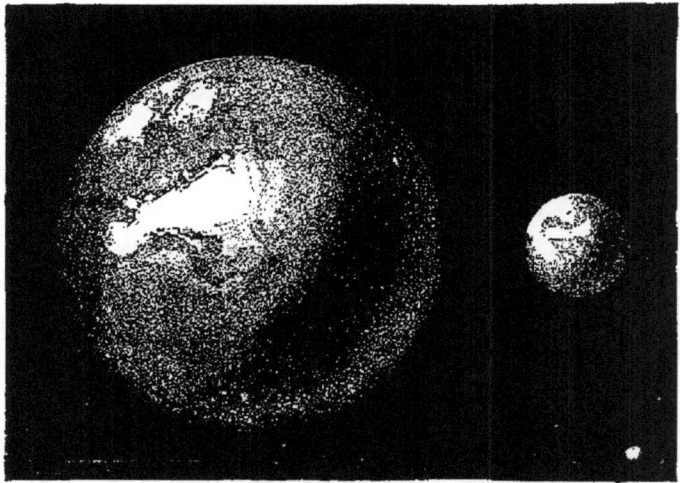

Fig. 45. Dimensions comparées de la Terre et de la Lune.

notre satellite; mouvements qui, à l'origine, étaient sans doute légèrement inégaux. Peut-être un jour arrivera-t-on à mesurer les différents méridiens lunaires avec assez d'exactitude, pour rendre sensible l'allongement dont nous parlons.

Ce n'est pas tout de connaître la forme d'un astre : notre curiosité nous pousse à rechercher encore quelles sont ses dimensions réelles. Rien n'est plus aisé, quand on sait à la fois quelle est sa distance et sous quel angle on voit son diamètre. Il suffit alors de résoudre un problème de triangulation des plus simples.

Le rayon de la Lune est environ les trois onzièmes, le quart environ du rayon équatorial terrestre, ou plus exactement les 0,273 125 de ce rayon. Évalué en kilomètres, le diamètre lunaire mesure donc 3475 kilomètres, un peu moins de 869 lieues.

La circonférence d'un méridien offre un développement de 10 925 kilomètres, 2735 lieues, et la longueur d'un degré est égale à 30 346 mètres. Telle est la distance qu'aurait à parcourir, à vol d'oiseau, celui qui voudrait faire le tour du monde lunaire. Je dis à vol d'oiseau, car les obstacles apportés par les aspérités montagneuses allongeraient singulièrement la longueur et la durée du voyage.

Quant à la superficie totale, elle est un peu moindre que la treizième partie de la surface de la Terre (0,0746), et comprend environ 38 millions de kilomètres carrés, à peu près quatre fois la superficie du continent européen. Cela donne 19 millions de kilomètres pour la superficie de l'hémisphère vu de la Terre. A la vérité, grâce à des mouvements dont il sera question plus loin, nous pouvons voir un peu plus de la moitié de notre satellite, et en calculant la surface de toutes les parties visibles, on arrive au nombre de 21 883 000 kilomètres carrés, ou, si l'on veut, 1 368 000 lieues carrées, environ 41 fois l'étendue de notre France.

Des dimensions linéaires et superficielles, si l'on passe au volume, on trouve que la Lune est environ 49 fois moins grosse que la Terre. C'est encore plus de 22 milliards de kilomètres cubes.

Comparée au volume du Soleil, la grosseur de notre satellite est une bien faible partie du globe immense dont elle nous renvoie la lumière. Il faudrait accumuler 62 millions de Lunes pour remplir la prodigieuse sphère, et cependant les disques des deux astres nous semblent occuper à peu près des portions égales de la voûte étoilée. Mais, nous l'avons vu, cela tient à la grande inégalité des distances dont l'une est 385 fois aussi grande que l'autre.

Les nombres que nous venons de rapporter ne nous renseignent que sur l'importance géométrique du globe lunaire; mais ne nous disent rien sur la matière dont il est composé. Le télescope lui-même nous fait bien voir quelle forme cette matière a prise sous l'influence des forces internes et comment elle s'est agglomérée, ici en vastes plaines, là en une multitude d'aspérités, de collines, de montagnes circulaires, de pics et d'aiguilles pyramidales ayant plus ou moins d'analogie avec nos montagnes terrestres. Mais quelle est la nature des roches dont ces aspérités sont formées, du sol uni des vallées et des plaines, ce sont là des questions dont la solution serait aussi intéressante qu'elle est difficile en réalité.

Toutefois, la mécanique céleste fournit à cet égard quelques données. La connaissance rigoureuse du mouvement qui entraîne la Lune autour de la Terre, la certitude où l'on est depuis la grande découverte de Newton que c'est la pesanteur qui retient l'astre dans son orbite, ont permis de calculer la masse de notre satellite. Nous avons donné ailleurs[1] une idée

1. Voyez le chapitre qui traite de la *Gravitation universelle* dans notre ouvrage LE CIEL, 3ᵐᵉ édition, page 550.

des méthodes qui permettent un calcul de ce genre,
nous avons dit comment les astronomes ont pu peser
les corps célestes, évaluer leurs masses et leurs densités. Appliquées à la Lune, ces méthodes nous ont
appris que la masse de notre satellite est la 81ᵉ partie
de la masse de la Terre, et, ce qui en est une conséquence, que la densité de la matière dont il est composé est égale aux 602 millièmes de la densité
moyenne de notre globe.

Traduisons ces évaluations en nombres exprimant
des quantités connues.—Le poids de la Lune vaut environ 72 000 000 000 000 000 000 tonnes de mille kilogrammes. Sa densité moyenne, rapportée à celle de
l'eau, est 3.55; c'est dire que le globe lunaire pèse
plus de trois fois et demie autant qu'un globe d'eau
de même dimension. Mais il faut ajouter que la Lune
est sans doute, comme la Terre, formée de couches
hétérogènes dont la densité va en croissant de la
surface au centre. Dès lors, les couches qui forment
le sol sont plus légères que ne l'indique la densité
3,55. De combien? c'est ce qu'on ignore.

Néanmoins, cette densité moyenne, comparée à
celle de quelques minéraux de la croûte terrestre,
nous permettra de nous faire une idée de la compo-
sition de la matière lunaire. Le carbonate de manga-
nèse, l'épidote, le verre connu sous le nom de flint,
le diamant ont à peu de chose près le même poids
spécifique que la matière lunaire. La substance composée dont sont formées les aérolithes est plus propre
peut-être à nous fournir un terme de comparaison :
aussi est-il curieux de trouver les nombres 3.57, 3.54
pour les densités de quelques-unes des météorites

recueillis après leur chute à la surface de la Terre
Une telle identité serait bien de nature à accréditer
l'opinion que les aérolithes sont des rochers lancés
par les volcans de la Lune, si l'origine cosmique de
ces corps n'était pas aujourd'hui bien connue.

Enfin, il est encore un élément qui doit entrer en
ligne de compte, quand on veut comparer la constitution physique de la Lune à celle de notre globe
terrestre : je veux parler de l'intensité 'de la pesanteur à la surface. Cette intensité varie, dans les divers
corps célestes, d'autant plus grande que la masse
totale est plus considérable, mais en même temps
d'autant plus faible que le rayon de l'astre est plus
grand, ou ce qui est la même chose, que la surface
du sol est plus éloignée du centre. En appliquant ces
principes à la Lune, on arrive à ce résultat que la
pesanteur à sa surface est comprise entre 1/5 et 1/6
de celle qui presse les corps sur le sol terrestre. Si
donc, on imagine un homme transporté dans notre
satellite, si l'on suppose en outre que ses forces mus-
culaires restent les mêmes dans ce nouveau séjour, il
y pourra soulever sans plus d'effort des poids cinq à
six fois aussi lourds, et son propre corps lui sem-
blera cinq fois et demie plus léger.

Nous avons vu plus haut quelles importantes conséquences on peut tirer de ce fait fondamental, quand
il s'agit d'évaluer les forces qui ont pu soulever à de
prodigieuses hauteurs relatives les masses de rochers
qui forment les montagnes lunaires.

XXIV

LA LUNE EST-ELLE LE SEUL SATELLITE DE LA TERRE?

La Lune, avons-nous dit au début de cette étude, est l'astre le plus rapproché de nous. Cette assertion est-elle exacte de tout point? C'est ce que les astronomes ont cru pendant longtemps, et, à la vérité, toutes les planètes connues de notre monde solaire, tous les astres qui ont le Soleil pour centre ou foyer de leurs mouvements, à plus forte raison, tous ces points lumineux dont la voûte céleste étincelle, sont à des distances incomparablement plus grandes. Vénus, à sa plus courte distance de la Terre, en est encore à 9 700 000 lieues, c'est-à-dire cent fois plus éloignée que la Lune. Mars n'en approche, ce qui arrive du reste très-rarement, qu'à une distance de 14 millions de lieues, 145 fois supérieure à la distance de la Lune. Voilà pour les planètes les plus rapprochées.

Mais en dehors des corps célestes individuellement connus, et dont la marche peut être calculée, il existe une véritable fourmilière de petits corps qui voyagent en légions autour du Soleil, à une distance de l'astre radi ux qui ne diffère pas beaucoup de celle de la Terre. Ce sont eux qui nous apparaissent pendant les nuits sereines sous la forme de sillons lumineux, de globes étincelants : les *étoiles filantes* et les *bolides*. Leurs orbites paraissent côtoyer l'orbite de la Terre, la couper quelquefois. Quand la rencontre a lieu, ou bien ils frôlent seulement les régions supérieures de l'atmosphère, s'enflamment à leur contact et continuent leur route; ou bien, attirés par la masse de notre globe, ils tombent à sa surface : telles sont les pierres connues sous le nom de *météorites* ou d'*aérolithes*.

Ainsi, voilà nombre de petits astres qui nous rendent visite à des époques périodiques et s'approchent de nous beaucoup plus que la Lune ne s'approche de la Terre. Mais le moyen de jamais les reconnaître dans cette foule en apparence si confuse.

Quelques astronomes, au nombre desquels il faut citer M. Faye, croient qu'un certain nombre d'étoiles filantes, celles qui apparaissent çà et là dans toutes les nuits de l'année, sont autant de satellites de la Terre, enlevés pour ainsi dire par notre globe, aux essaims plus pressés qui circulent en troupes autour du Soleil. Cette hypothèse est-elle basée sur des observations positives, en dehors de la simple vraisemblance? C'est ce que le fait suivant permettrait d'affirmer. Un astronome français, M. Petit, de l'Observatoire de Toulouse, a calculé l'orbite d'un bolide sur lequel il avait pu recueillir un nombre suffisant de données. Ce singulier satellite de la Terre, ce compagnon de notre Lune, ferait autour de nous sa révolution en un temps qui ne dépasserait pas 3 heures

20 minutes, et sa distance au centre de notre globe serait en moyenne de 14 500 kilomètres. Il résulte de là que cette distance comptée à partir de la surface terrestre ne dépasserait pas 8 140 kilomètres, c'est-à-dire serait environ quarante-six fois un tiers moindre que la distance de la Lune. Quant à son orbite, elle comprendrait un développement de plus de 91 000 kilomètres, et la vitesse moyenne du petit astre le long de cette courbe atteindrait 7 600 mètres par seconde.

Ainsi donc, la Lune ne serait pas seule à accompagner la Terre dans son voyage à travers les régions éthérées ; et nous aurions, tout près de nous, en tout cas beaucoup plus près que le globe lunaire, de petites lunes en miniature que leurs faces brillantes manifesteraient à nos yeux toutes les fois qu'elles ne seraient pas éclipsées dans le cône d'ombre terrestre, c'est-à-dire assez rarement, à moins que leurs orbites ne soient fortement inclinées sur l'orbite de la Terre.

CHAPITRE VI.

INFLUENCES DE LA LUNE.

———

XXV

MARÉES OCÉANIQUES, ATMOSPHÉRIQUES ET SOUTERRAINES.

On ferait un gros volume de toutes les rêveries, ne craignons pas de dire de toutes les sottises qu'on a débitées sur le compte de la Lune et de ses prétendues influences sur notre planète et ses habitants : on écrirait un livre plus volumineux encore, peut-être, si l'on voulait rapporter tous les préjugés de ce genre qui ont cours, aujourd'hui même, chez les peuples civilisés comme dans les peuplades encore barbares qui composent notre ignorante humanité.

La plupart de ces idées plus ou moins saugrenues ont eu l'honneur d'une discussion sérieuse, et nous n'y reviendrons pas. Arago, cet esprit si large et si disposé à recueillir les traditions populaires, non pour les admettre telles quelles dans la science,

mais pour y démêler ce qu'elles peuvent avoir de
vrai, et les interpréter dans leur véritable sens, a
consacré plusieurs chapitres à examiner les diverses
influences attribuées à la Lune. Il a prouvé sans
réplique que les unes sont dénuées de tout fonde-
ment, de toute vraisemblance, que les autres sont
extrêmement faibles et sans rapport avec la grandeur
des effets qu'elles avaient pour objet d'expliquer.

Entrons dans quelques détails sur les seules influences scientifiquement constatées.

La Lune agit sur la Terre par sa masse.

Les phénomènes qui résultent de cette action in-
cessante ne sont autre chose que les *marées*.

Toutes les molécules matérielles dont l'ensemble
forme le globe lunaire, attirent à la fois toutes les
molécules composant le sphéroïde terrestre, et contre-
balancent ainsi, dans une certaine mesure, leur propre
pesanteur. Mais l'énergie de cette attraction n'est pas
la même pour toutes les molécules : elle dépend à la
fois et de leurs distances au centre de la masse atti-
rante et de l'angle que fait la direction de la force
avec la direction de la pesanteur terrestre.

On comprendra aisément que ce sont les points
situés verticalement sous la Lune, dont la pesanteur
subit la diminution la plus forte, et que cette diminution s'affaiblit à mesure qu'on s'éloigne de cette
position sur toute la surface de l'hémisphère terrestre
tournée vers notre satellite. Pour la partie solide du
globe, il ne résulte de là aucune déformation : mais
il n'en est pas de même de la partie fluide, c'est-à-
dire de la masse des eaux de l'Océan et de celle des
couches de l'atmosphère. Grâce à leur fluidité et à

leur indépendance, les molécules liquides et gazeuses s'élèvent sous l'influence de l'attraction lunaire, et la nappe liquide de l'Océan s'allonge, se tuméfie du côté de la Lune : au lieu de conserver sa forme à peu près

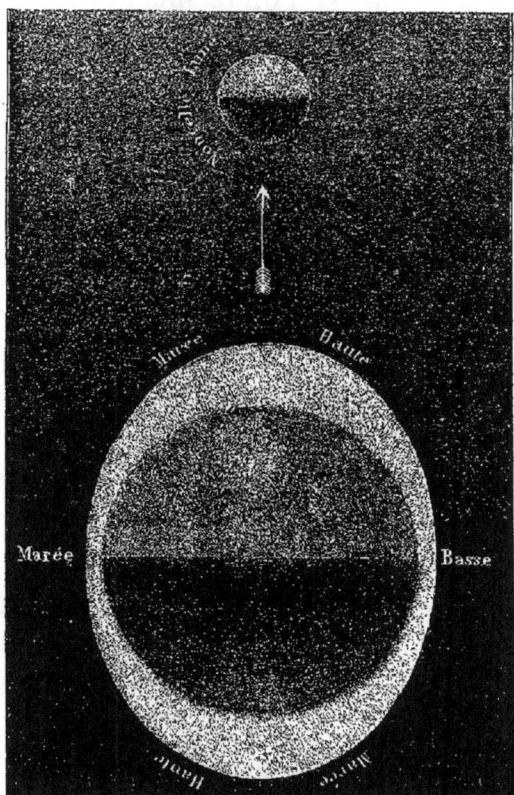

Fig. 46. Attraction de la Lune sur les eaux de la mer.

sphérique, elle prend, toutes proportions gardées, la forme d'un œuf. Il en est de même de la nappe gazeuse qui entoure la Terre. C'est cette élévation des parties fluides qui a reçu le nom de marée. Si la Terre n'avait pas de mouvement propre, la marée serait

permanente, et les eaux conserveraient leur équilibre
que viendraient seules troubler les influences purement météorologiques.

Mais la Terre, en tournant, présente à la Lune
toute sa périphérie, et l'onde maritime se promène
ainsi sur l'Océan suivant le parallèle qui correspond
à la position de notre satellite. Sur l'hémisphère opposé, les mêmes phénomènes ont lieu simultané-
ment, la nappe liquide est allongée à l'opposé de la
Lune, les molécules, plus distantes et par conséquent
moins attirées restant en arrière, de sorte qu'un effet
tout semblable se trouve dû à des circonstances contraires.

Ce n'est pas le lieu de décrire toutes les périodes
qu'offrent les phénomènes des marées, périodes
diurnes, mensuelles, annuelles, dont les causes mul-
tiples tiennent aux mouvements simultanés[1] de la
Lune et de la Terre et à l'action de la masse du
Soleil.

Mais si l'on veut savoir quelle est l'intensité de cette
force qui, sur une masse aussi considérable que
celle des eaux de l'Océan produit des mouvements
aussi violents que ceux des grandes marées, on sera
surpris, sans doute, d'apprendre qu'elle ne diminue
pas le poids des corps à la surface de la Terre de plus
de la seize-millionième partie. Ainsi donc, un corps
qui pèse 16 kilogrammes exerce, quand la Lune vient
à passer à son zénith, une pression moindre qu'au
moment où l'astre est à l'horizon, mais de combien ?
d'un milligramme au maximum. Ce chiffre permet

1. Voir sur ce sujet, le chapitre consacré aux *marées* dans notre
ouvrage d'astronomie LE CIEL.

de se faire une idée de ce que peut devenir la force
la plus insignifiante, lorsqu'elle se multiplie et s'in-
corpore dans une masse aussi immense que celle des
eaux de la mer, et s'accumule incessamment à chaque
instant de la durée.

Mais pour se représenter tout ce qu'une action de
ce genre a pu produire sur le globe terrestre, ce
n'est pas par jours, ni par années, mais par siècles et
milliers de siècles qu'il faut compter. Alors on pourra
comprendre comment la structure des continents, la
configuration des côtes a pu être lentement mais
irrésistiblement modifiée par ce bélier aux têtes mul-
tiples qui bat deux fois par jour de son choc impi-
toyable les dunes et les falaises. « La Lune, dit Humboldt, grâce à l'attraction qu'elle exerce en commun
avec le Soleil, met en mouvement l'Océan, déplace
l'élément liquide sur la Terre, et par le gonflement
périodique des mers et les effets destructifs des marées, change peu à peu les contours des côtes, favorise ou contrarie le travail de l'homme, et fournit la
plus grande partie des matériaux dont se forment les
grès et les conglomérats, recouverts à leur tour par
les fragments arrondis et sans cohésion des terrains
de transport. La Lune agit, sans cesse, comme source
de mouvement, sur les conditions géologiques de
notre planète. »

La Lune, nous l'avons dit, en même temps qu'elle
agit par sa masse sur les mouvements de la mer, doit
déplacer aussi périodiquement les couches gazeuses
dont l'atmosphère terrestre est formée. De là les *ma-*
rées atmosphériques.

« Pour arriver à l'Océan, dit Laplace, l'action du

Soleil et de la Lune traverse l'atmosphère qui doit
par conséquent en éprouver l'influence et être assu-
jettie à des mouvements semblables à ceux de la mer.
De là résultent des variations périodiques dans la
hauteur du baromètre, et des vents dont la direction
et l'intensité sont périodiques. Ces vents sont peu
considérables et presque insensibles dans une atmosphère d'ailleurs fort agitée : l'étendue des oscillations du baromètre n'est pas d'un millimètre à l'équateur même où elle est la plus grande. » A Paris, des
observations embrassant huit années ont confirmé les
déductions théoriques du grand géomètre, et prouvé
que l'action de la Lune sur l'atmosphère ne fait pas
osciller le baromètre de plus de la dix-huitième partie d'un millimètre. Que dire, après ces résultats, des
théories ridicules de nos faiseurs d'almanachs qui,
dépourvus de toute connaissance de la mécanique
des fluides, mettent sur le compte de l'attraction lunaire les perturbations atmosphériques les plus violentes, et des variations de température de 12 à
15 degrés?

Suivant quelques savants, la Lune ne produit pas
seulement des marées océaniques et atmosphériques,
mais encore des marées souterraines. Le noyau de la
Terre étant liquide selon toutes les probabilités, serait
périodiquement soulevé par l'attraction lunaire, et
cette masse, d'une grande densité, venant à heurter la
croûte solide extérieure, serait la cause de la plupart
des tremblements de Terre. Des recherches statisti-
ques ont été faites dans le but de contrôler l'exactitude
de cette thèse, et leur auteur, M. Perrey, de la Faculté
de Dijon, a cru trouver, dans la fréquence des phé-

nomènes séismiques, une périodicité qui serait en rapport avec les périodes du mouvement de la Lune.

Les opinions sont très-partagées à cet égard. Selon M. Babinet, « la force soulevante de la Lune ne produirait pas à beaucoup près l'effet que ferait le poids d'une couche d'un tiers de mètre d'épaisseur, » ce qui revient à dire qu'elle est tout à fait insignifiante. Telle était la manière de voir de Poisson qui ne niait pourtant pas l'action de la Lune ni l'existence des marées souterraines.

Tout ce qui précède n a rapport qu'à l'influence de la Lune considérée comme masse. Nous avons étudié ailleurs l'action que peut produire sur la Terre sa lumière et sa chaleur. Cette action n'est pas nulle, mais elle s'exerce dans de si faibles limites qu'elle n'explique nullement les préjugés populaires sur les phases, avec lesquelles elle se trouve nécessairement en relation. A l'époque de la nouvelle Lune, le globe lunaire ne nous envoie ni rayons de lumière, ni rayons calorifiques; à la pleine Lune, au contraire, correspond le maximum des effets de ce genre. Et entre ces deux périodes c'est par gradations insensibles que l'action augmente ou diminue, de sorte qu'on ne voit pas quelle pourrait être la cause des changements brusques supposés. D'ailleurs avant de chercher les raisons de ces changements, il faudrait que l'observation les eût constatés, ce qui n'a été encore clairement établi par personne.

Enfin, existerait-il, entre la Lune et la Terre, quelque liaison cachée, mystérieuse, par exemple de nature magnétique? Rien ne prouve ni ne contredit une telle hypothèse, et il est possible que des re-

cherches faites à ce point de vue, conduisent à d'in-
téressants résultats; mais nous ne sachions pas que
rien de pareil ait encore été entrepris.

Voilà tout ce qu'il est possible de dire de positif
sur l'influence de la Lune et ses rapports avec notre
planète. Au delà, nous tomberions dans le domaine
de la fantaisie, du mysticisme ou de l'ignorance, ce
qui nous mènerait loin.

XXVI

UN DERNIER MOT SUR LA LUNE

Ancienneté de la Lune. — Des rochers lancés par les volcans
lunaires. — Pourquoi la Lune n'a pas d'atmosphère ? —
La Lune se rapproche de la Terre : tombera-t-elle un
jour ? — Si la Lune venait à nous abandonner.

En relisant cette étude du Satellite de la Terre, nous
nous sommes aperçu que le lecteur n'y trouverait pas
la réponse à bien des questions que nous avons entendu formuler ou que nous avons lues dans les ouvrages anciens et modernes. Nous ne dirons pas pour
notre excuse que c'est la place qui nous a manqué :
c'est plutôt l'occasion, et dans certains cas, le parti
pris de ne rien dire.

Pour quelques-uns de ces problèmes, nous nous
ravisons toutefois, nous décidant à en dire, sans
ordre, quelques mots.

Et d'abord, la Lune est-elle aussi ancienne que la
Terre ? Y a-t-il quelque chose de fondé dans cette
tradition des anciens Arcadiens qui croyaient leurs
ancêtres plus anciens que la Lune ? Des écrivains, qui

n'en savaient pas plus que d'autres sous ce rapport,
n'ont pas hésité. De là cette hypothèse que la Lune
nous est arrivée sous la forme d'une comète qui a
commencé par déterminer sur notre globe des boule-
versements et des révolutions géologiques, le déluge,
par exemple, ou pour mieux dire les déluges, et qui a
fini par se ranger honnêtement dans une orbite régulière. Tout cela est rêverie pure, imaginé pour
expliquer une fable et n'ayant que la valeur d'une
fable.

Ce qu'on sait de la constitution cométaire, de la
faible masse de ces agglomérations gazeuses, de l'immense condensation qui eût été nécessaire pour
transformer une comète en un globe du volume et
de la masse de la Lune, de l'immensité plus grande
encore du temps qu'une telle condensation eût nécessité, ne permet pas de s'arrêter un instant à la pensée
que tous ces événements, d'ailleurs hypothétiques,
datent d'une époque assez peu éloignée de nous pour
être restée dans la mémoire des hommes.

Combien l'idée de Laplace qui assigne à tous les
corps du monde solaire, aux planètes et aux satellites, à la Terre et à la Lune, une origine gazeuse,
n'est-elle pas plus philosophique et plus probable!
Ce n'est plus alors par milliers, mais par millions
d'années qu'il faut compter pour mesurer les périodes
nécessaires à de telles transformations.

Une autre question est celle de savoir comment la
Lune, si elle a été gazeuse à l'origine, n'a pu conserver son atmosphère. Cette atmosphère lui aurait-elle
été enlevée par la Terre? On peut répondre que les
gaz dont l'atmosphère lunaire était formée se sont

fixés chimiquement et ont été absorbés pour produire son écorce solide, la faculté oxydante des substances en présence étant considérablement accrue
par la haute température que subit périodiquement
chacun des hémisphères lunaires. Peut-être encore
la faible intensité de la pesanteur a-t-elle permis à
cette atmosphère, aux gaz permanents qui la formaient
de s'étendre à une grande distance jusqu'à être en
partie dissipés dans l'espace, ou en tout cas à rester
dans un état de rareté extrême. C'est une hypothèse
que Laplace a émise comme vraisemblable.

Cette faible intensité de la pesanteur nous fait son-
ger aux pierres qu'on disait lancées par les volcans
de la Lune, et qu'on sait maintenant être autant de
parcelles composant des anneaux planétaires qui circulent d'ensemble autour du Soleil. L'hypothèse qu'on
avait faite n'avait d'ailleurs rien d'invraisemblable.
Le calcul prouve que si l'on prend, sur la ligne qui
joint les centres de la Lune et de la Terre, un point
éloigné de cette dernière de 87 684 lieues, dont la distance à la surface de la Lune n'est alors que de
8000 lieues au plus, ce point marque la limite res-
pective des attractions des deux astres. D'après Laplace, il suffirait que la vitesse initiale du projectile
lunaire fût de 2500 mètres par seconde pour qu'il
atteignît ou dépassât le point dont nous venons de
parler. Alors, ou la direction de son impulsion primitive le pousserait dans l'atmosphère terrestre, ou
bien, sans tomber sur notre globe, il en deviendrait
un satellite. Peut-être est-ce là l'origine de quelques-
uns des météores dont nous avons parlé plus haut,
origine qui remonterait à l'époque où l'activité des

volcans lunaires était à son maximum d'intensité.
Disons toutefois que la vitesse considérable des aérolithes, telle qu'on l'a observée dans un grand nombre
de cas, ne paraît pas conciliable avec cette origine, à
moins que la force de projection des volcans lunaires
n'ait été beaucoup plus grande encore que celle dont
il vient d'être question.

L'idée d'une communication de ce genre entre la
Terre et la Lune est bien ancienne ; c'est à elle qu'on
doit sans doute la fable du lion de Némée et de sa
chute au milieu du Péloponèse.

La Lune va en se rapprochant de la Terre. C'est là
encore un de ces faits qui ont surexcité l'imagination
des amateurs du merveilleux. Si cette diminution de
distance, se sont-ils dit, continue indéfiniment, voilà
la Terre condamnée un jour à se voir écrasée par la
chute de son satellite, brisée en morceaux et dispersée
dans l'espace. Quelle époque faut-il assigner à cet
événement épouvantable, qui serait, à coup sûr,
sinon la fin de l'univers ou du monde solaire, celle
au moins de notre petit monde ? Malheureusement
pour ceux qui aiment à se représenter, au milieu de
la sécurité présente, les catastrophes de l'avenir, et
pour ceux qui s'empressent d'exploiter de telles pro-
phéties au profit de leurs préjugés, il n'est pas possible de compter sur un pareil dénoûment des affaires
humaines.

Le mouvement de la Lune s'accélère en effet : les
anciennes observations comparées aux nouvelles le
prouvent. Elle se rapproche de la Terre, par conséquent ; mais, outre que ce rapprochement est insensible, il aura une limite : dans quelque 25 000 années

d'ici, cette accélération aura cessé et un mouvement inverse s'opérera. La cause de cette oscillation est connue, et l'on sait qu'elle est contenue entre de faibles limites.

Rassurons-nous donc, pour nous et pour nos arrière-petits-neveux : la Lune ne tombera pas sur la Terre, au grand désappointement de nos faiseurs d'hypothèses.

On revient à la charge et l'on demande : Que deviendrait la Terre, si, pour une raison ou pour une autre, de gré ou de force, la Lune venait à nous abandonner? Nous voilà encore en plein dans le domaine de la fantaisie, mais qu'importe! Essayons toujours de répondre, cela nous apprendra peut-être quelque chose.

D'abord, il est clair que nos nuits y perdront en variété, que les éclipses seront pour nous chose inconnue, et qu'il faudra imaginer une autre cause pour expliquer les changements de temps. Mais tout cela n'est rien. Les changements les plus sensibles seraient d'abord un affaiblissement considérable dans le phénomène des marées, puisque l'influence du Soleil n'entre guère que pour un tiers dans ces oscillations périodiques de l'Océan. A la longue, il en résulterait d'inévitables modifications dans les configurations des côtes maritimes, que le mouvement des marées transforme insensiblement.

Ce n'est pas tout : la gravité de la Lune se fait sentir d'une autre façon sur la Terre. Notre globe est renflé, comme on sait, à l'équateur, et pour ainsi dire recouvert d'un bourrelet qui va en s'amincissant vers les pôles. Eh bien, c'est l'action de la masse de la Lune sur ce bourrelet qui produit le balancement de l'axe de la Terre connu sous le nom de nutation. Ce mouvement serait détruit si la Lune disparaissait, et les variations des équinoxes et de l'obliquité de l'écliptique se réduiraient bientôt à ce qu'elles sont sous l'influence du Soleil.

Enfin, le mouvement de la Terre autour du Soleil se trouverait encore légèrement modifié, puisque c'est le centre de gravité commun à la Terre et à la Lune qui se meut en effet suivant une ellipse ayant pour foyer le Soleil. Ce centre de gravité qui actuellement est, à l'intérieur de notre globe, à 215 lieues environ au-dessous de sa surface, se trouverait reporté au centre même du sphéroïde. Mais la distance de la Terre, la forme et les dimensions de son orbite n'en pourraient paraître altérées qu'après de longues périodes.

C'est assez parler d'une pure hypothèse, et nous prendrons congé de nos lecteurs en les priant de méditer cette grande pensée qui ressort avec une pleine évidence de l'étude des lois qui régissent les phénomènes de la nature : c'est que celle-ci ne fait rien que par mesure et gradation ; c'est que les siècles ne sont, comme on l'a dit, pour ses lentes mais irrésistibles évolutions, que les secondes de l'éternité, et qu'elle répugne également aux violences et aux coups de théâtre.

FIN.

APPENDICE

NOTES

A. Page 36. **Sur l'action calorifique des rayons de la Lune à la surface de la Terre.**

Dans ces derniers temps, la question de l'influence des rayons lunaires sur les appareils thermométriques a été reprise par divers savants. Le fils de lord Rosse, opérant avec un réflecteur de 3 pieds d'ouverture qui faisait converger les rayons sur une pile thermo-électrique, a constaté que la Lune rayonne comme une surface chauffée à 360° F. ou 182° centigrades. L'intensité du rayonnement est proportionnelle d'ailleurs à la surface éclairée du disque.

M. W. Huggins a fait, avec un réfracteur de 8 pouces, des observations dont les résultats non concordants n'ont permis de rien conclure. Mais M. Marié-Davy a objecté avec raison que les lentilles de l'instrument « arrêtaient à peu près complétement les rayons de chaleur obscure de la Lune, tandis que le réflecteur de lord Rosse les réfléchit comme les rayons lumineux. »

M. Marié-Davy a commencé en 1869 une série d'observations à l'aide desquelles il se propose, non-seulement de constater et de mesurer le pouvoir calorifique des radiations lunaires, mais encore de résoudre les questions suivantes : 1° quelle est la part du pouvoir diffusif de la Lune dans la chaleur lunaire; 2° quelle est la part de son pouvoir absorbant et rayonnant, et entre quelles limites varie sa température dans le cours d'une lunaison; 3° comment les pouvoirs diffusif et rayonnant varient d'une région à l'autre de la surface lunaire; 4° quelles inductions

14

on peut en tirer sur l'état de la surface lunaire comparée à celle de la Terre.

Une première série d'observations a donné à M. Marié-Davy 12 millionièmes de degré pour l'action directe des rayons lumineux de la Lune. « C'est à peu près, dit-il, la 60e partie du résultat obtenu par M. Piazzi Smyth au pic de Ténériffe et en opérant sur la totalité des rayons lunaires. » M. Marié-Davy ne recevait sur la pile que les 3,4 environ de ces rayons.

M. Baille a obtenu aussi tout récemment (été de 1869) un résultat positif, duquel il conclut que « la pleine Lune, à Paris, pendant les mois d'été envoie autant de chaleur qu'une surface noire, égale, maintenue à 100° et placée à peu près à 35 mètres de distance. »

B. Page 40 et suiv. **Sur la lumière cendrée.**

Schrœter a observé la lumière cendrée trois jours après la première quadrature ; à la vérité, il avait employé un télescope grossissant 160 fois.

C. Page 121 et suiv. **Sur l'activité volcanique à la surface de la Lune.**

A la liste des montagnes lunaires où l'on a cru reconnaître des signes de leur activité volcanique contemporaine, il faut joindre un petit cratère situé au milieu de la *Mer de la sérénité.* Ce cratère qu'on trouve marqué sur les anciennes cartes de la Lune, dont la carte de Beer et Mædler donne la figure très-nette, et qui est connu sous le nom de Linné, se voyait distinctement même pendant la pleine Lune. M. J. Schmidt, directeur de l'observatoire d'Athènes, qui l'avait étudié dès 1841, fut fort étonné quand, en octobre 1866, il constata sa disparition. Divers astronomes, prévenus par M. Schmidt de cette disparition singulière, portèrent leur attention sur cette région du disque lunaire. A l'aide de puissants instruments, MM. Secchi, Wolf et Huggins reconnurent qu'au lieu d'une montagne circulaire, à bords bien définis, telle que la représentait le carte de Beer et Mædler, il n'y avait plus qu'une sorte de tache ou auréole blanchâtre environnant un trou noir, une cavité indiquant la présence d'un cratère, mais d'un cratère beaucoup plus petit que celui connu sous le nom de Linné. Les bords, au lieu d'être en saillie, sur la plaine environnante ne paraissaient plus présenter qu'une déclivité insensible. En se reportant aux observations et aux dessins antérieurs, il parut probable que l'état récent du cratère de Linné s'était déjà présenté aux derniers siècles, de sorte que tout fait croire à la réalité d'éruptions successives, qui, à diverses époques, seraient venues combler en partie la cavité intérieure du cratère, et débordant aussi à l'extérieur, auraient nivelé la pente de ses remparts.

Il résulterait donc de ces observations intéressantes que, selon l'expression de M. Elie de Beaumont, « la vie géologique existerait encore dans l'intérieur de la Lune aussi bien que dans l'intérieur de la Terre. »

D. Page 174. **Durée de la chute hypothétique de la Lune sur la Terre.**

Pour calculer la durée que notre satellite mettrait à tomber sur la Terre, durée que nous avons évaluée à environ six jours et un quart, nous avons supposé pour abréger le calcul que la force accélératrice restait constante. En réalité, elle va en croissant à mesure que la distance diminue, selon la loi de la gravitation newtonienne. Il en résulte que la chute de la Lune serait beaucoup plus rapide. M. Flammarion, à qui nous devons l'obligation de cette remarque, ne trouve que dix-huit heures, en employant la formule complète donnée par Poisson.

E. Page 201. **Influence de la Lune sur la durée du mouvement de rotation de la Terre.**

La force attractive de la masse de la Lune agissant sur les

eaux de l'Océan, les soulève, nous l'avons dit, de manière à faire prendre à tout instant à leur masse totale la forme d'un ellipsoïde dont le grand axe serait constamment dirigé suivant le rayon vecteur qui unit les centres de la Lune et de la Terre, si le mouvement des eaux ne rencontrait aucune résistance. Comme, à mesure que la Lune se déplace par le fait de la rotation diurne, l'ellipsoïde liquide la suit dans son mouvement, ce déplacement continuel des eaux ne peut s'effectuer sans qu'il en résulte des frottements et des résistances provenant soit des molécules elles-mêmes, soit des inégalités de toutes sortes que présente la surface sur laquelle les mers reposent. De là un retard que les observations des marées constatent tous les jours, et en vertu duquel la haute mer n'arrive jamais qu'un certain temps après le moment du passage de la Lune au méridien.

En faisant abstraction des irrégularités locales, les choses se passent comme si la Lune était située, dans le ciel, en arrière de la position qu'elle occupe réellement, eu égard au sens de son mouvement diurne. Voilà donc un fait dont l'explication est facile, mais qui n'emprunte rien à l'hypothèse : les deux protubérances liquides dont le mouvement successif produit les marées, ne sont pas dirigées suivant le rayon vecteur de la Lune, mais suivant une ligne constamment située à l'orient de cet astre.

Eh bien ! c'est l'action de la Lune, non plus sur l'ensemble de notre globe, supposé sphérique, mais sur ces deux protubérances inégalement distantes de l'astre qui, suivant M. Delaunay, produit le ralentissement de la rotation terrestre. « Si l'on se reporte, dit-il, à la manière dont on obtient la portion de l'action lunaire qui occasionne le phénomène des marées, on verra que la première de ces protubérances (la plus voisine de la Lune) est comme attirée par la Lune, et la seconde, au contraire, comme repoussée par le même astre : il en résulte donc un couple [1] appliqué à la masse du globe terrestre, et tendant à le faire tourner en sens contraire du sens dans lequel il tourne réellement, couple qui doit produire, d'après cela, un ralentissement dans la rotation de ce globe. »

Telle est, en substance, la nouvelle théorie. Nous ne suivrons pas M. Delaunay dans les calculs provisoires à l'aide desquels il prouve que cette action de la Lune sur les protubérances des marées est loin d'être insensible, et peut expliquer l'excédant de l'accélération séculaire donné par les observations anciennes. Il suffit d'admettre que la masse d'eau formée par chaque protubérance équivaille à une couche de 1 mètre d'épaisseur, reposant sur une base circulaire de 675 kilomètres de rayon : une pareille couche, appliquée sur la surface du globe, y occuperait une largeur d'environ 12 degrés de l'équateur.

A la vérité, le savant astronome s'est placé, pour effectuer ce calcul, dans une hypothèse beaucoup plus simple que celle de la réalité; mais on ne peut douter que l'effet réel produit par l'action de la Lune sur les eaux de l'Océan ne suffise pour produire le ralentissement nécessaire.

Les idées de M. Delaunay ont subi, comme cela devait être, diverses critiques plus ou moins fondées; mais aucune n'entame le principe qui leur sert de base. La pensée que le mouvement des marées est de nature à ralentir la rotation terrestre n'est pas nouvelle; le créateur de la théorie dynamique de la chaleur, le docteur Mayer, l'a émise dans un de ses ouvrages, et Tyndall l'a reproduite d'après lui. Mais ce qui fait le mérite, l'originalité du travail de M. Delaunay, c'est, suivant ses propres expressions, d'avoir montré : 1° que le ralentissement résultant de cette cause est loin d'être insensible; 2° que là est

1. On sait qu'on donne, en mécanique, le nom de *couple* à tout système de deux forces égales, parallèles et contraires, agissant aux extrémités d'une même ligne droite.

l'explication du désaccord existant entre les observations des anciennes éclipses et la théorie de la gravitation, relativement à l'accélération séculaire du moyen mouvement de la Lune.

En résumé, la durée du jour sidéral n'est pas invariable, si l'on adopte la théorie de M. Delaunay, si entièrement appuyée par l'adhésion de l'illustre directeur de l'Observatoire de Greenwich, M. Airy. Cette durée diminue, dans la suite des siècles, d'environ une seconde en cent mille années.

Si ce ralentissement conservait indéfiniment la même valeur, il est aisé de calculer l'époque où la vitesse de rotation serait totalement anéantie, et où la durée du jour se confondrait avec celle de l'année. Le jour sidéral étant composé de 86 400 secondes, il faudrait 8 640 millions d'années pour produire l'arrêt complet de la Terre. Quatre-vingt-six millions quatre cent mille siècles ! Vraiment, d'ici là, nous et nos arrière-petits-neveux nous pourrons dormir tranquilles.

Mais, à dire la vérité, cela n'ira pas jusque-là. Et voici pourquoi. La vitesse de rotation de la Terre, diminuant toujours, arrivera à être égale à celle de la Lune dans son orbite, de sorte que la Terre présentera toujours le même hémisphère à son satellite, exactement comme il arrive aujourd'hui pour ce dernier. Mais alors les protubérances des marées n'auront plus de mouvement progressif ; elles finiront donc par être aussi toujours dirigées vers la Lune, et l'action de cette dernière cessera de se traduire en un couple de ralentissement. M. Delaunay nous rassure encore d'une autre façon. La température de la Terre s'abaissant sans cesse, par l'affaiblissement de la chaleur du Soleil, et l'excès du rayonnement calorifique de Terre sur la chaleur reçue, il viendra un moment où cette température sera assez basse pour produire une congélation de toutes les mers. « Le phénomène des marées n'existera plus', la cause du ralentissement du mouvement de rotation disparaîtra, et la Terre continuera alors à tourner avec une vitesse constante. »

M. Delaunay n'oublie qu'un détail, auquel nous devons suppléer en terminant cet article : c'est qu'alors nos descendants, étant tous gelés, n'auront pas le plaisir ou le chagrin, comme on voudra, de vérifier l'exactitude de cette prédiction à longue échéance.

TABLE DES GRAVURES.

PLANCHES.

FIGURES DANS LE TEXTE.

FIN DE LA TABLE DES GRAVURES

TABLE DES MATIÈRES.

CHAPITRE III.

CONSTITUTION VOLCANIQUE DE LA LUNE.

CHAPITRE IV.

MÉTÉOROLOGIE DE LA LUNE.

CHAPITRE V.

LES MOUVEMENTS DE LA LUNE.

CHAPITRE VI.

INFLUENCES DE LA LUNE.

FIN DE LA TABLE DES MATIÈRES.

COULOMMIERS. — Typogr. A. MOUSSIN.

LIBRAIRIE HACHETTE & C⁰, BOULEVARD SAINT-GERMAIN, 79, A PARIS

LITTÉRATURE POPULAIRE

Éditions à 1 fr. 25 c. le volume, format in-18 Jésus.

Le cartonnage en percaline gaufrée se paye en sus
50 cent. par volume.

Badin (Ad.). Duguay-Trouin. 1 vol.
— Jean-Bart. 1 vol.
Baines (Th.). Voyage dans le Sud-Ouest
de l'Afrique. 1 vol.
Baker (V. W.). Le lac Albert. 1 vol.
Baldwin. Du Natal au Zambèse. 1865-1866.
Récits de chasses. 1 vol.
Barrau (Th.-H.). Conseils aux ouvriers sur
les moyens d'améliorer leur condition.
1 vol.
Bernard (Kred.). Vie d'Oberlin. 1 vol.
Boileau. Œuvres complètes. 2 vol.
Bonnechose (Emile de). Bertrand du Gues-
clin, connétable de France et de Castille.
1 vol.
— Lazare Hoche, général en chef des ar-
mées de la République. 1793-1797. 1 vol.
Burton (le capitaine). Voyage à la Mec-
que, aux grands lacs d'Afrique et chez les
Mormons. 1 vol.
Calemard de la Fayette. La Prime d'hon-
neur. 1 vol.
— L'Agriculture progressive. 1 vol.
Carraud (Mme Z.). Une servante d'autre-
fois. 1 vol.
— Les veillées de maître Patrigeon. 1 vol.
Charton (Ed.). Histoires de trois enfants
pauvres, racontées par eux-mêmes, et
abrégées par Ed. CHARTON. 1 vol.
Corne (H.). Le cardinal Mazarin. 1 vol.
— Le cardinal de Richelieu. 1 vol.
Corneille (Pierre). Chefs-d'Œuvre. 1 vol.
— Œuvres complètes. 7 vol.
Daurrypon (Michel). La Boutique de la
marchande de poissons. 1 vol.
Delapalme. Le premier livre du citoyen.
4° édition. 1 vol.
Duval (Jules). Notre pays. 1 vol.
Broqui (le baron). Histoire de trois ou-
vriers français. 1 vol.
— Jacquard. Philippe de Girard. 1 vol.
Franck (A.). Morale pour tous. 1 vol.
Franklin. Œuvres, traduites de l'anglais et
annotées par Ed. LABOULAYE. 5 vol.
Guillemin (Amédée). La Lune. 1 vol. illustré
de 2 grandes planches et de 46 vignettes.
— La Lumière et les Couleurs. 1 vol. illus-
tré de 7 L gravures. 2° édition.
— Le Soleil. 1 vol. illustré de 58 grav. sur bois.
Hauréau (B.). Charlemagne et sa cour. 1 vol.
— François 1ᵉʳ et sa cour. 1 vol.
Hayes (Dʳ I.-I.). La mer libre du pôle...
Hoefer. [...]
phie de [...]
— Les a[...]
Moulier[...]
dysse[...]
Joinville[...]

Louis, texte rapproché du français mo-
derne, par NATALIS DE WAILLY, de l'In-
stitut. 2° édition. 1 vol.
Jonveau (Emile). Histoire de quatre ou-
vriers anglais. 1 vol.
Labouchère (Alf.). Oberkampf. 1 vol.
Lacombe (P.). Petite histoire du peuple
français. 1 vol.
La Fontaine. Choix de fables. 1 vol.
Lanoye (F. de). L'Inde contemp. 1 vol.
— Le Niger. 1 vol.
— Le Nil et ses sources. 1 vol.
Livingstone (Charles et David). Explora-
tions dans l'Afrique australe et dans le
bassin du Zambèse. 1840-1864. 1 vol.
Marcoy (P.). Scènes et Paysages dans les
Andes. 2 vol.
Meunier (Mme H.). Le Docteur au village.
Entretiens familiers sur l'hygiène. 1 vol.
— Entretiens familiers sur la botanique. 1 v.
Molière. Chefs-d'Œuvre. 2 vol.
Mouhot. Voyage à Siam, dans le Cambodge
et le Laos. 1 vol.
Muller (Eug.). La Boutique du marchand
de nouveautés. 1 vol.
Palgrave (W.-G.). Une année dans l'Ara-
bie centrale. 1 vol.
Passy (Frédéric). Les Machines et leur in-
fluence sur le développement de l'humanité. 1 vol.
Petrou d'Aro. Aventures d'un voyageur en
Australie. 1 vol.
Pfeiffer (Mme Ida). Voyage autour du
monde, édition abrégée par J. Belin-de-
Launay. 1 vol.
Piotrowski (R.). Souvenirs d'un Sibérien.
1 vol.
Peirson (Ch.). Manuel del Orpheoniste. 1 v.
Racine (Jean). Chefs-d'Œuvre. 2 vol.
Reclus (Élisée). Les Phénomènes terrestres. 2 v.
Rendu (Victor). Principes d'agriculture.
2° édition. 1 vol., avec vignettes.
— Mœurs pittoresques des insectes. 1 vol.
Revoil Pêches dans l'Amérique du Nord. 1 v.
Shakespeare. Chefs-d'Œuvre. 1 vol.
Speke (Journal du capitaine John Han-
ning). Découverte des sources du Nil. 1 v.
Travelin (Éваriste). Cours d'économie
industrielle. 1 vol.
Chaque volume se vend séparément.
— Entretiens populaires. 9 vol.
Chaque volume se vend séparément.
(Ardéminius). Voyages d'un faux
[...] l'Asie centrale. 1 vol.
[...] Les Associations ouvrières
en Angleterre et en France.
[...]
[...] Jeanne d'Arc. 1 vol. 1 fr.
à Paris.

www.ingramcontent.com/pod-product-compliance
Lightning Source LLC
Chambersburg PA
CBHW071651200326
41519CB00012BA/2483